高职高专电梯工程技术专业创新教材

曳引式乘客电梯实训教程

主　编　龚　飞

副主编　淘　金

参　编　李　伟　王泽武　张　超

北京理工大学出版社
BEIJING INSTITUTE OF TECHNOLOGY PRESS

内 容 简 介

本书分为六章,第一章梳理、强调电梯职业人安全规范,通过对电梯职业人劳动保护用品的使用、特种设备安全管理人员(电梯)职业规范、电梯修理人员职业规范等方面的阐述,树立电梯职业人的安全意识和理念;第二章从电梯用工量器具的操作规范入手,分别从电梯安装工具、电梯修理工具、电梯检测仪器等方面进行梳理,培养电梯职业人良好的工量器具操作习惯;第三、四、五章主要从电梯的修理保养入手,对电梯的机房部分、轿顶部分、底坑部分修理保养的标准化作业进行讲解,培养电梯职业人识别风险、分析风险、排除风险的能力;第六章强调电梯试验的方法和试验过程中可能存在的风险。

本书可作为中、高等职业院校电梯工程技术专业教学用书,也可以作为电梯技术人员业务研读的参考资料,帮助他们巩固所学知识,解决现场工作中遇到的实际问题。

版权专有 侵权必究

图书在版编目(CIP)数据

曳引式乘客电梯实训教程 / 龚飞主编 . —北京:北京理工大学出版社,2020.8(2020.9 重印)

ISBN 978 - 7 - 5682 - 8822 - 4

Ⅰ.①曳… Ⅱ.①龚… Ⅲ.①曳引电梯 - 教材 Ⅳ.①TH211

中国版本图书馆 CIP 数据核字(2020)第 137713 号

出版发行 / 北京理工大学出版社有限责任公司

社　　址 / 北京市海淀区中关村南大街 5 号

邮　　编 / 100081

电　　话 / (010) 68914775(总编室)

　　　　　(010) 82562903(教材售后服务热线)

　　　　　(010) 68948351(其他图书服务热线)

网　　址 / http://www.bitpress.com.cn

经　　销 / 全国各地新华书店

印　　刷 / 涿州市新华印刷有限公司

开　　本 / 787 毫米 × 1092 毫米　1/16

印　　张 / 10.75　　　　　　　　　　　　　　　　责任编辑 / 朱　婧

字　　数 / 255 千字　　　　　　　　　　　　　　　文案编辑 / 朱　婧

版　　次 / 2020 年 8 月第 1 版　2020 年 9 月第 2 次印刷　责任校对 / 周瑞红

定　　价 / 35.00 元　　　　　　　　　　　　　　　责任印制 / 施胜娟

图书出现印装质量问题,请拨打售后服务热线,本社负责调换

前言
Preface

电梯作为八大特种设备之一，是工业化生产和人民生活必不可少的代步工具，充分发挥着"立体交通"的作用。中国电梯经历了 60 多年的发展，实现了使用、制造单位从无到有，从小到大的变化。随着城镇化战略的全面推进，地铁、高铁数量呈线性递增，机场改、扩建不断兴起，作为这些城市建设的重要组成单元——电梯，也在大幅度增加，其安全运行已经引起全社会的关注。据国家市场监督管理总局公布的数据显示，截至 2019 年年底，我国特种设备数量达 1500 万台，其中电梯数量达 780 万台，位居八大类特种设备之首。据中国电梯协会统计，目前我国电梯的增长率、保有量和生产量均居世界第一。电梯总量在大幅度提高的同时，也带来了监督管理方面的难题，一次次电梯安全事故触碰着人们的敏感神经，如何确保电梯的承运安全已经成为时下政府部门和社会民众关心的问题。近几年，国家出台了很多有关电梯的安全技术规范，对遏制电梯事故起到了一定的作用，但是，作为法律法规、安全技术规范的执行者、使用者，电梯操作及维护人员对自身的安全有没有充分的理解？对从事电梯相关职业人员的安全有没有充分的认识？

据近几年各方媒体报道及政府部门的数据统计显示，在电梯安全事故中，受伤害最多的群体是电梯维修人员。因为电梯维修人员是与电梯打交道最多的群体，并且往往是在电梯处于不安全状态或需要进入到最不安全的区域进行维修解困。比如，当电梯因故障停止在某两层楼面之间，修理人员需要进入机房、轿顶、底坑等危险区域排除故障，这往往是在一种不安全状态下工作。修理人员是最原始、最经验化地处理问题还是讲原则、守规矩地处理问题，对其自身安全的保护至关重要。如何规避安全风险是电梯职业人必备的理念和技能。

本书主要从电梯修理及试验的重要环节展开，结合《电梯制造与安装安全规范》（GB 7588—2003）、《电梯监督检验和定期检验规则》（TSG T7001—2009）、《电梯维护保养规则》（TSG T5002—2017），阐述了电梯修理保养标准化、程序化的作业过程，从学生、徒弟的角度，培养修理人员的自我安全意识，以避免发生事故、人员受到伤害。

本书分为六章，第一章梳理、强调电梯职业人安全规范，从电梯职业人劳动保护用品的使用，特种设备安全管理人员（电梯）职业规范、电梯修理人员职业规范三个方面进行叙述，树立电梯职业人的安全意识和理念；第二章从电梯作业及检测工量器具的操作规范入手，分别从电梯安装工具、电梯修理工具、电梯检测工具三个方面进行阐述，培养电梯职业人良好的工量器具操作习惯；第三、四、五章主要从电梯的修理保养入手，对电梯的机房部分、轿顶部分、底坑部分修理保养的标准化作业进行讲解，培养电梯职业人识别风险、分析风险、排除风险的能力；第六章强调电梯试验的方法和试验过程中可能存在的风险，电梯的法定检验规程（规则）涉及的功能试验很多，本章主要从载荷试验、制动试验、联动试验、UCMP 试验等六个方面进行阐述。试验前的安全准备工作至关重要，可是在现场开展工作的时候，人们往往忽视这个环节。电梯的试验方法因厂家的不同而不同，作为试验人员该如何去把握？且试验结束后如何进行现场恢复工作？通过第六章的学习，希望电梯职业人员对电梯试验检验有一个全面的认知，并能够精准把握试验目的、合理规避试验风险。

　　本书主要用于职业院校电梯工程技术专业课程教学，规范了电梯实训教学的实施过程，推进实施电梯实训授课标准、统一了实训考核标准，提高了学生实训的实用率，力争学校实训与工作岗位无缝对接，同时还培养学生守规范、讲原则、保安全的习惯。本书还可作为电梯工程技术人员、电梯爱好者的参考学习资料。

目录 Contents

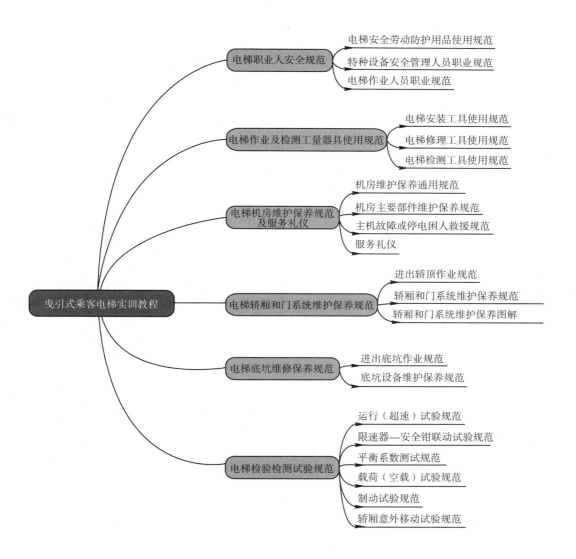

曳引式乘客电梯实训教程
- 电梯职业人安全规范
  - 电梯安全劳动防护用品使用规范
  - 特种设备安全管理人员职业规范
  - 电梯作业人员职业规范
- 电梯作业及检测工量器具使用规范
  - 电梯安装工具使用规范
  - 电梯修理工具使用规范
  - 电梯检测工具使用规范
- 电梯机房维护保养规范及服务礼仪
  - 机房维护保养通用规范
  - 机房主要部件维护保养规范
  - 主机故障或停电困人救援规范
  - 服务礼仪
- 电梯轿厢和门系统维护保养规范
  - 进出轿顶作业规范
  - 轿厢和门系统维护保养规范
  - 轿厢和门系统维护保养图解
- 电梯底坑维修保养规范
  - 进出底坑作业规范
  - 底坑设备维护保养规范
- 电梯检验检测试验规范
  - 运行（超速）试验规范
  - 限速器—安全钳联动试验规范
  - 平衡系数测试规范
  - 载荷（空载）试验规范
  - 制动试验规范
  - 轿厢意外移动试验规范

第一章 电梯职业人安全规范

导读： 电梯工程项目职业健康安全管理的目的是防范电梯工程中的安全事故，保护电梯操作者的人身安全与健康，保障人民群众的生命和财产安全。控制影响工作场所内人员、临时工作人员、合同方人员、访问者和其他有关部门人员人身安全与健康的条件和因素，避免因管理不当对员工的人身安全与健康造成的危害，是职业健康安全管理的有效手段和主要措施。

本章内容主要从图 1-1 所示几个方面展开叙述。

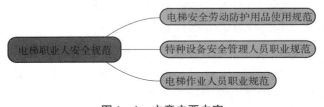

图 1-1   本章主要内容

第一节   电梯安全劳动防护用品使用规范

劳动防护用品，简称劳保用品，是指保护劳动者在生产过程中的人身安全与健康所必备的一种防御性装备，对于减少职业危害起着相当重要的作用，主要包括工作帽、工作服、防护服、工作手套、棉纱手套、乳胶手套、电焊手套、帆布手套、白棉布手套、微波炉手套、劳动防护鞋、工作围裙、口罩、护目镜、护膝和头盔等。

一、劳动防护用品分类

《安全生产法》第三十七条规定，生产经营单位必须为从业人员提供符合国家或行业标准的劳动防护用品，并监督、教育从业人员按照使用规则佩戴、使用。《职业病防治法》规定，用人单位必须为劳动者提供个人使用的职业病防护用品。使用劳动防护用品，是保障从业人员人身安全与健康的重要措施，也是保障生产经营单位安全生产的基础。劳动防护用品的分类有如下 3 种。

（一）按防护性能分类

1. 特种劳动防护用品

特种劳动防护用品有头部护具、呼吸护具、眼（面）护具、防护服、防护鞋和防坠落护具。

2. 一般劳动防护用品

未列入特种劳动防护用品的即为一般劳动防护用品。

（二）按防护部位分类

1. 头部防护用品

头部防护用品是指为防御头部不受外来物体打击和其他因素而危害而配备的个人防护装备，如一般防护帽、防尘帽、防水帽、安全帽、防寒帽、防静电帽、防高温帽、防电磁辐射帽和防昆虫帽等。

2. 呼吸器官防护用品

呼吸器官防护用品是指为防御有害气体、蒸气、粉尘、烟、雾由呼吸道吸入，或直接向使用者供氧或清净空气，保证尘、毒污染或缺氧环境中作业人员正常呼吸而配备的防护用具，如防尘口罩（面具）和防毒口罩（面具）等。

3. 眼面部防护用品

眼面部防护用品是指预防烟雾、尘粒、金属火花和飞屑、热、电磁辐射、激光、化学飞溅等伤害眼睛或面部的防护用品，如焊接护目镜和面罩、炉窑护目镜和面罩和防冲击眼护具等。

4. 听觉器官防护用品

听觉器官防护用品是指能够防止过量的声能侵入外耳道，避免噪声的过度刺激人耳，减少听力损失，预防噪声对人身引起的不良影响的防护用品，如耳塞、耳罩和防噪声头盔等。

5. 手部防护用品

手部防护用品是指保护手和手臂，供作业者劳动时戴的手套（劳动防护手套），如一般防护手套、防水手套、防寒手套、防毒手套、防静电手套、防高温手套、防 X 射线手套、防酸碱手套、防油手套、防振手套、防切割手套和绝缘手套等。

6. 足部防护用品

足部防护用品是指防止生产过程中有害物质和能量损伤劳动者足部的护具，通常被称为劳动防护鞋，如防尘鞋、防水鞋、防寒鞋、防静电鞋、防高温鞋、防酸碱鞋、防油鞋、防滑鞋、防刺穿鞋、电绝缘鞋和防震鞋等。

7. 躯干防护用品

躯干防护用品是指通常所说的防护服，如一般防护服、防水服、防寒服、防砸背心、防毒服、阻燃服、防静电服、防高温服、防电磁辐射服、耐酸碱服、防油服、水上救生衣、防昆虫服和防风沙服等。

8. 护肤用品

护肤用品是指用于防止皮肤（主要是脸、手等外露部分）免受化学、物理等因素危害的防护用品，如防毒、防腐、防射线、防油漆的护肤品等。

（三）按用途分类

1. 防止伤亡事故的防护用品

防止伤亡事故的防护用品有防坠落用品、防冲击用品、防触电用品、防机械外伤用品、防酸碱用品、耐油用品、防水用品和防寒用品等。

2. 预防职业病的防护用品

预防职业病的防护用品有防尘用品、防毒用品、防放射性用品、防热辐射用品和防噪声用品等。

二、劳动防护用品的使用

（一）安全鞋

安全鞋如图 1 - 2 所示。

1）安全鞋的作用

（1）防止物体砸伤或刺伤。如高处坠落物品及散落在地面的铁钉或锐利物品可能引起的砸伤或刺伤。

（2）防止高低温伤害。如在冶金等行业，工作环境不仅温度高，而且有强辐射热，灼热的物料喷溅到足面或掉入鞋内引起烧伤。另外，冬季在室外施工作业，也可能会被冻伤。

（3）防止酸碱性化学品伤害。如在作业过程中接触到酸碱性化学品，可能发生足部被酸碱灼伤的事故。

图 1 - 2　安全鞋

（4）防止触电伤害。如在作业过程中接触到带电体造成触电伤害。

（5）防止静电伤害。静电对人体的伤害主要是使人产生恐惧心理，引起从高处坠落等二次事故。

2）安全鞋使用的注意事项

（1）不得擅自修改安全鞋的构造。

（2）选择尺码合适的安全鞋。

（3）正确穿着，不要拖穿。

（4）明确安全鞋的防护性能，不要超越其防护范围使用。如穿不具有防酸碱性的鞋子从事有关化学品的操作，穿导电鞋从事电工作业等。

（5）注意个人卫生，使用者应维持脚部及鞋履清洁干爽。

（6）定期清理安全鞋，但不应采用溶剂作清洁剂。此外，鞋底亦须经常清扫，避免积聚污垢物而影响鞋底的导电性或防静电效果。

（7）存放于阴凉、干爽和通风处。

3）绝缘鞋（靴）使用的注意事项

（1）应根据作业场所电压高低正确选用绝缘鞋，低压绝缘鞋禁止作为高压电气设备的安全辅助用具使用，高压绝缘鞋（靴）可以作为高压和低压电气设备的辅助安全用具使用。但不论是穿低压或高压绝缘鞋（靴），均不得直接用手接触电气设备。

（2）布面绝缘鞋只能在干燥的环境下使用，且要避免鞋面潮湿。

（3）穿绝缘鞋时，裤管不宜长及鞋底外沿条高度，更不能长及地面，应将裤管套入靴筒内，且应保持表面干燥。

（4）非耐酸碱油的橡胶底鞋，不可与酸碱油类物质接触，并应防止尖锐物刺伤。低压绝缘鞋若底纹磨光、露出内部颜色，则不能作为绝缘鞋使用。

（二）护目镜

护目镜是一种滤光镜，如图 1-3 所示。它可以改变透过的光强和光谱，避免辐射光对眼睛造成伤害。护目镜可以吸收或反射某些波长的光线，而让其他波长光线透过，所呈现颜色为透过光的颜色。

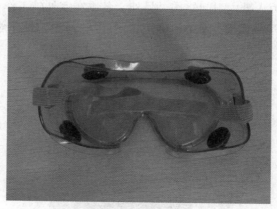

图 1-3　护目镜

较为常用的护目镜有气焊用护目镜和电焊用护目镜。

1. 气焊用护目镜

气焊用护目镜的镜片所用着色剂主要为氧化铁、氧化钴等，呈黄绿色，能吸收波长500 nm以下的所有光波，可见光的透过率在1%以下，仅有少量红外线能通过。这种护目镜专供气焊操作焊接时使用。

2. 电焊用护目镜

电焊产生的紫外线对着眼球短时间照射就会引起眼角膜和结膜组织的损伤（以28 nm光最严重），产生的强烈红外线很易引起眼睛混浊。电焊用护目镜能很好地阻截电焊产生的红外线和紫外线，其镜片以光学玻璃为基础，采用氧化铁、氧化钴和氧化铬等着色剂，另外还加入了一定量的氧化铈以增加对紫外线的吸收，外观呈绿色或黄绿色，且能全部阻截紫外线，红外线的透过率小于5%，可见光透过率约为0.1%。

1）护目镜的作用

（1）防止异物进入眼睛。

（2）防止化学品的伤害。

（3）防止强光、紫外线和红外线的伤害。

（4）防止微波、激光和电离辐射的伤害。

2）护目镜使用的注意事项

由于护目镜的镜片都有一层防护涂层，主要是防止雾蒸气的，而且镜片是有机玻璃制成的，容易刮花，因此，为了延长护目镜的使用寿命，应谨防指甲或其他利物摩擦；手指不要直接接触镜片；摆放时不要让镜片与桌面或其他物品接触。

如果发现镜片有模糊，不要用面巾纸或其他腈纶布擦拭，应用清水或无刺激性溶液定期清洗。采用上述方法无效时，可用牙膏清洗，因为牙膏内含有细微的研磨颗粒，镜片经清洗后会变得清晰。

（三）安全手套

安全手套如图1-4所示。

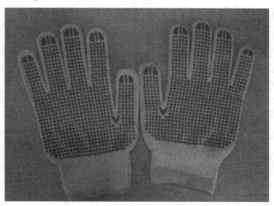

图1-4　安全手套

1）安全手套的作用

（1）防止火与高温、低温的伤害。

（2）防止电磁与电离辐射的伤害。

（3）防止电、化学物质的伤害。

（4）防止撞击、切割、擦伤、微生物侵害以及感染。

2）安全手套使用的注意事项

（1）应该按照自己手部的大小来选择合适的手套。

（2）作业前摘掉所有可能影响安全的首饰。

（3）保持手的清洁，不要忽视任何可能的伤害。了解皮炎的症状或其他皮肤疾病，接触任何化学品后要立刻洗手，如有任何损伤，请立即就医。

（4）戴手套之前应洗净双手，布手套需要定期清洗或更换。

安全手套的品种很多，需根据防护功能来选用。首先应明确防护对象，再仔细选用，如耐酸碱手套，有耐强酸（碱）的、有耐弱酸（碱）的，而耐弱酸（碱）手套不能接触高浓度酸（碱）。切记勿误用，以免发生意外。

3）防护手套使用的注意事项

（1）防水、耐酸碱手套使用前应仔细检查表面是否有破损，检查办法是向手套内吹气，用手捏紧套口，观察是否漏气，若漏气则不能使用。

（2）绝缘手套应定期检验电绝缘性能，不符合规定的不能使用。

（3）橡胶、塑料等防护手套用后应冲洗干净、晾干，保存时避免高温，并撒上滑石粉以防粘连。

（4）操作旋转机床时禁止戴手套作业。

（四）防坠落安全带

防坠落安全带如图 1 - 5 所示，防坠落安全带的穿戴示意如图 1 - 6 所示。其作用是在距坠落高度基准面 2 m 及 2 m 以上，当有发生坠落危险的场所作业时，对作业人员进行坠落防护。

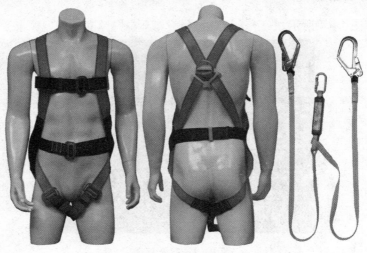

图 1 - 5　防坠落安全带

图 1 - 6　防坠落安全带的穿戴示意

防坠落安全带通常可分为以下 3 类。

（1）围杆作业安全带。通过围绕在固定构造物上的绳或带将人体绑定在固定的构造物附近，使作业人员的双手可以进行其他操作的安全带。

（2）区域限制安全带。用以限制作业人员的活动范围，避免其到达可能发生坠落区域的安全带。

（3）坠落悬挂安全带。当高处作业或登高人员发生坠落时，将作业人员悬挂在空中的安全带。

根据操作、穿戴类型的不同，防坠落安全带又可以分为全身安全带及半身安全带。

（1）全身安全带。即安全带包裹全身，配备了腰、胸、背多个悬挂点，一般可以拆解为一个半身安全带和一个胸式安全带。全身安全带最大的应用是能够使救援人员采取"头朝下"的方式作业而无须考虑安全带滑脱。例如，在深井类救援中，需要救援人员"头朝下"深入并靠近被困人员。

（2）半身安全带。即安全带仅包裹半身（一般是下半身，但也有胸式安全带，用于上半身的保护），其使用范围相对全身安全带而言较窄，一般用于"座席悬垂"。

防坠落安全带使用时的注意事项如下：

（1）每次使用防坠落安全带时，应查看标牌及合格证确认是否合格，检查尼龙带有无裂纹，缝线处是否牢靠，金属件有无缺少、裂纹及锈蚀情况，安全绳应挂在连接环上使用。

（2）防坠落安全带应高挂低用，并防止摆动、碰撞，避开尖锐物品，不能接触明火。

（3）作业时应将防坠落安全带的钩、环牢固地挂在系留点上。

（4）在低温环境中使用防坠落安全带时，要注意防止安全带变硬割裂。

（5）对使用频繁的安全绳应经常做外观检查，发生异常时应及时更换，并注意加绳套。

（6）不能将防坠落安全带打结使用，以免发生冲击时安全绳从打结处断开，应将安全挂钩挂在连接环上，而不能直接挂在安全绳上，以免发生坠落时安全绳被割断。

（7）防坠落安全带使用两年后，应按批量购入情况进行抽检，并做静负荷试验和冲击试验，不合格品不能继续使用，对抽样检查过的防坠落安全带必须重新更换安全绳后才能使用，更换新绳时应注意加绳套。

（8）防坠落安全带应贮藏在干燥、通风的仓库内，不准接触高温、明火、强酸、强碱和尖锐的硬物，也不要暴晒。搬动时不能用带钩刺的工具，运输过程中要防止日晒雨淋。

（9）防坠落安全带应该经常清洁，可放入温水中用肥皂水轻轻擦洗，用清水漂净后晾干。

（10）防坠落安全带上的各种部件不得任意拆除，更换新件时应选择合格的配件。

（11）防坠落安全带使用期为 3~5 年，在使用过程中也应注意查看，如发现异常应提前报废。此外，每半年至一年要试验一次。以主部件不损坏为标准，如发现有破损变质情况应及时反映，并停止使用。

（五）安全帽

安全帽如图 1-7 所示，它能减轻作业人员受到高处坠落物、硬质物体的冲击或挤压。在冲击过程中，从坠落物接触头部开始的瞬间，到坠落物离开帽壳，安全帽的各个部件（如帽壳、帽衬、插口、拴绳、缓冲垫等）首先将冲击力分解，然后通过各个部分的变形作用将大部分冲击力吸收，使最终作用在人体头部的冲击力减弱，从而起到保护作用。

图 1-7　安全帽

1）安全帽的防护作用

（1）安全帽的外形是圆弧形的，当配戴者受到较小的高处坠落物打击时，物体可顺利地沿帽壳的圆弧滑落；当受到较大的高处坠落物打击时，帽壳与帽衬之间有 25~50 mm 的垂直距离，当受到水平方向物体打击时，帽壳与帽衬之间有 5~20 mm 的水平距离，这两个距离起到了对外力的吸收和缓冲作用，不但物体不能直接打到头部，而且坚硬的帽壳也不会接触头部，避免了帽壳的间接伤害。

（2）预防外力的穿透性伤害。施工现场的物资较多，一些比较尖锐、锋利的物体（如钢板的边角、铁钉、电焊条、钢筋头、玻璃碎片等）从高处掉落的事时有发生，如果佩戴安全帽，这些物体就会打在安全帽上，从而预防穿透性伤害。

（3）帽舌和帽檐可预防物体打击头部的突出部位。国家有关安全帽的标准规定，帽檐最少向外伸出 10 mm，向下倾斜 20°~60°，帽舌伸出 10~50 mm，这些向外伸出部分可有效预防物体打击头部的突出部位（如耳、鼻和脸部等）。

（4）下颌带可预防安全帽掉落。安全帽必须有下颌带，且佩戴者必须系好下颌带。下颌带的正确使用方法是，系完下颌带之后，下颌带的褶度应在下边最突出的位置能伸进去一扁指为宜，这样任凭大风吹来、外力碰撞，且不论操作者头部的姿势，即使是在发生高处坠落后，操作者处于头朝下姿势，安全帽也不会掉落。

（5）通气孔具有通风散热的作用。凡是标准安全帽都应设有通气孔，按相关规定，每个安全帽帽壳上通气孔的总面积不应少于 $42\ mm^2$。职工佩戴安全帽在炎热夏季施工时，头部产生的热量能通过通气孔散发到安全帽外部，同时外界凉爽空气也由通气孔进入头部，从而调节头部温度，消除或减少闷热感。

（6）吸汗带有吸附汗水作用。建筑工人的劳动强度大，露天作业多，加上暑天环境气温高，在劳动中出汗是常事，设在帽衬上的吸汗带是用多孔材料制成的，能吸附汗水，免去建筑工人不断擦汗的麻烦。

（7）防雨槽有防雨作用。工人在雨天作业时，能把浇在帽壳上的雨水汇集于防雨槽内，再从伸出的帽舌处流向地面，防止打湿衣服。

2）安全帽的正确使用方法

首先，应将内衬圆周大小调节到对头部稍有约束感，用双手试着左右转动头盔，以基本不能转动，但不难受的程度，且不系下颌带低头时安全帽不会脱落为宜。

其次，安全帽由帽衬和帽壳组成，帽衬必须与帽壳连接良好，同时帽衬与帽壳不能紧贴，应有 $2\sim4\ cm$（视材质情况而定）的间隙，当有物体附落到安全帽壳上时，帽衬可起到缓冲作用，不使颈椎受到伤害。

最后佩戴安全帽必须系好下颌带，下颌带应紧贴下颌，松紧以下颌有约束感，但不难受为宜。

安全帽的正确佩戴示意如图 1-7 所示。

（a）　　　　　　　　　　　　　　　　　　（b）

图 1-7　安全帽的正确佩戴示意

（a）正面；（b）侧面

3）安全帽使用时的注意事项

（1）戴安全帽前应将帽后调整带按自己头型调整到适合的位置，然后将帽内弹性带系牢。缓冲衬垫的松紧由带子调节，人的头顶和帽体内顶部的空间垂直距离一般为 25～50 mm，且以至少为 32 mm 为宜，这样才能保证当遭受到冲击时，帽体有足够的空间可供缓冲，平时也有利于头部和帽体间的通风。

（2）不要把安全帽戴歪，也不要把帽檐戴在头部后方。否则，会降低安全帽对于冲击的防护作用。

（3）安全帽的下颌带必须扣在颌下并系牢，松紧要适度，这样才不至于被大风吹掉或是被其他障碍物碰掉或由于头的前后摆动而掉落。

（4）有的安全帽顶部还开了小孔通风，但在使用时不能为了透气而随便再行开孔，以免降低安全帽的强度。

（5）使用者不能随意在安全帽上拆卸或添加附件，以免影响其原有的防护性能。

（6）由于安全帽在使用过程中会逐渐损坏，所以要定期检查有没有龟裂、下凹、裂痕和磨损等情况，发现异常现象要立即更换，不可继续使用。任何受过重击、有裂痕的安全帽，不论有无损坏现象，均应按报废处理。

（7）严禁使用只有下颌带与帽壳连接的安全帽，即帽内无缓冲层的安全帽。

（8）施工人员在现场作业时，不得将安全帽脱下。

（9）安全帽不能在有酸、碱或化学试剂污染的环境中存放。由于安全帽大部分是使用高密度低压聚乙烯塑料制成，具有硬化和蜕变的性质，因此不宜长时间暴晒。

（10）新的安全帽，首先应检查是否有劳动部门允许生产的证明及产品合格证，再看其是否存在破损、薄厚不均，缓冲层及调整带和弹性带是否齐全有效，不符合规定要求须立即调换。

（11）在室内现场作业时也要戴安全帽，尤其是在室内带电作业时。因为安全帽不但可以防止碰撞，还能起到绝缘作用。

（12）平时使用安全帽时应保持整洁，不能接触火源，不要任意涂刷油漆，更不准当凳子坐。如果丢失或损坏，则应必须立即补发或更换。无安全帽一律不准进入施工现场。

（13）应注意安全帽的有效使用期，植物枝条编织的安全帽的有效使用期为 2 年，塑料安全帽的有效使用期为 2.5 年，玻璃钢（包括维纶钢）安全帽的有效使用期为 3 年，超过有效使用期的安全帽应按报废处理。

（六）防静电服

防静电服是指为防止服装上的静电积累，用防静电织物缝制的工作服，如图 1 - 8 所示。防静电织物是在纺织时，大致等间隔或均匀地混入导电纤维或防静电合成纤维或两者混合交织而成的织物。

导电纤维是指全部或部分使用金属或有机物的导电材料或亚导电材料制成的纤维的总称，其体积电阻率 ρ 介于 $104 \sim 109\ \Omega \cdot cm$。

按照导电成分在纤维中的分布情况又可将导电纤维分为导电成分均一型、导电成分覆盖型和导电成分复合型。目前，绝大多数防静电织物是采用导电纤维制作的，其中导电成分复合型，即复合纤维使用得最多。

图 1 - 8　防静电服

三、电梯安全劳动防护用品规范

为认真贯彻落实《中华人民共和国安全生产法》，国家生产安全监督管理总局（现已整合为中华人民共和国应急管理部）《劳动防护用品监督管理规定》等有关劳动防护用品管理的法律、法规，以加强劳动防护用品管理，强化员工劳动防护，保障员工生命健康安全，结合公司实际，制定劳动防护用品管理制度，有关单位必须认真执行。

（1）本制度所称劳动防护用品是指由公司为员工配备的，使其在劳动过程中免遭或者减轻事故伤害及职业危害的个人防护装备。

（2）劳动防护用品分为特种劳动防护用品和一般劳动防护用品。

特种劳动防护用品是指列入特种劳动防护用品目录的防护用品（由国家安全生产监督管理总局确定并公布），未列入目录的劳动防护用品为一般劳动防护用品。

防护用品采购：

（3）公司财务部门按要求提取安全费用，满足采购劳动防护用品所用资金。

（4）公司供应部门负责劳动防护用品的采购，采购人员必须到有资质的劳动防护用品生产单位或经营单位购买劳动防护用品。

（5）采购人员购买的劳动防护用品必须各种证件齐全，符合国家标准或行业标准，特种劳动防护用品必须有安全标志。

验收：

（6）劳动防护用品入库前必须经公司安全生产技术部门验收合格后，方可办理入库手续。

（7）劳动防护用品验收人员根据国家标准或行业标准进行验收，各种证件必须齐全，特种劳动防护用品必须有安全标志，外观合格，不得过期。否则，禁止入库。

（8）验收人员验收合格后填写劳动防护用品验收合格单，仓库管理人员接到劳动防护用品验收合格单后，方可办理入库手续。

保管：

（9）劳动防护用品实行专门储存、专人保管。

（10）保管人员必须认真学习劳动防护用品说明书，按说明书要求进行储存和管理，防止劳动防护用品过期或变质。

（11）劳动防护用品管理人员必须加强劳动防护用品在储存过程中的检查，发现问题及时处理。

发放：

（12）公司人力资源部门应根据《劳动防护用品选用规则》（GB 1651）和国家颁发的劳动防护用品配备标准以及有关规定，制定公司劳动防护用品发放标准，并严格按标准发放。

（13）公司人力资源部门负责劳动防护用品发放的审批，并建立劳动防护用品发放台账。

（14）各单位设专人负责劳动防护用品的领取和发放，并建立本单位劳动防护用品发放台账。

（15）每月15日是公司劳动防护用品发放日，各单位按公司劳动防护用品发放标准填写《劳动防护用品人员发放统计表》，到公司人力资部办理领取手续。

（16）公司安全部门做好劳动防护用品发放的监督，定期检查劳动防护用品发放情况。

使用：

（17）公司及各单位必须加强对员工正确佩戴、使用劳动防护用品的教育培训，并监督检查员工正确佩戴和使用。

（18）公司把劳动防护用品的性能、用途、正确佩戴和使用等作为对新员工及每年全员培训的重要内容进行培训、学习和考核。

（19）员工在生产过程中必须按要求正确佩戴、使用劳动防护用品，并做好劳动防护用品的维护和保养工作。

（20）公司定期、不定期对员工正确佩戴、使用劳动防护用品情况进行检查，发现不按规定佩戴劳动防护用品的员工，除进行教育外，按"三违"论处，进行罚款。

（21）凡属个人保管不当，丢失和损坏劳动防护用品者，一律折价赔偿。

更换与报废：

（22）劳动防护用品由于正常使用造成的损坏，由单位出具证明，到人力资源部办理更换手续。

（23）对于特种劳动防护用品的更换或领取，必须以旧换新，对于过期、损坏等报废的特种劳动防护用品必须集中存放，定期销毁，严防流失。

第二节　特种设备安全管理人员职业规范

一、安全管理制度总则

为了加强电梯使用的安全管理，严格执行特种设备安全技术规范的规定，确保电梯安全运行，保障人们的人身和财产安全，依据《特种设备安全监察条例》和《电梯使用管理与维护保养规则》（TSG T5001—2009），制定安全管理制度，其具体内容如下：

（1）电梯使用单位必须对电梯运行的安全负责，且至少设电梯安全管理人员1名，并建立健全的电梯设备技术档案和有关管理制度。

（2）电梯使用单位必须委托有质量技术监督局签发的有资质许可的电梯专业维护保养单位对电梯设备进行维修、保养，以保证电梯的安全运行。

（3）在用电梯应实行定期检验制度，检验有效期为1年，未经检验、超过检验周期或检验不合格的电梯不得使用。

（4）保持电梯紧急报警装置能够随时与安全管理机构或值班人员实现有效联系。

（5）电梯"安全检验"标志应张贴在电梯轿厢内明显位置，且每台电梯都应张贴明显的《安全乘梯须知》或《电梯使用须知》。

（6）在电梯显著位置应标明使用、管理单位的名称，应急救援电话，维护保养单位名称，以及急修、投诉电话。

（7）当电梯困人时，应及时组织电梯维修作业人员实施救援，并对被困乘客进行安抚。

（8）严格执行电梯设备的常规检查制度，在电梯出现故障或者发生异常情况时，应对其进行全面检查，消除事故隐患后，方可重新投入使用，且各种检查应记录、存档备查。

（9）电梯使用单位负责人应每年至少组织一次电梯应急救援演习，并记录在案备查。

（10）电梯使用单位应监督并且配合电梯安装、改造和维护保养工作。在新装、大修、改造电梯前，应到当地质量技术监督局办理告知手续，然后经检验部门审批后即可开工，且经检验合格后到当地市场监督部门办理注册登记手续，方可交付使用。

（11）按照相关安全技术规范的要求，应及时采用新的安全与节能技术对在用电梯进行必要的改造或者更新，提高在用电梯的安全与节能水平。

（12）应对电梯安全管理人员和操作人员进行电梯安全教育和培训，电梯维修、保养人员及司机必须经专业培训并通过考核，在取得特种设备作业人员资格证书后，方可从事相应工作。

（13）电梯司机应做到：①严格遵守有关规章制度；②认真执行安全操作规程和工作守则；③及时制止违章乘梯，宣传《安全乘梯须知》。

（14）当电梯发生事故时，应按照应急救援预案组织应急救援、排险和抢救，保护事故现场，并且立即报告当地的特种设备安全监督管理部门和其他有关部门。

二、以岗位责任制为核心各相关人员的职责

（一）电梯管理部门负责人岗位职责

（1）电梯管理部门负责人在单位法人的领导下，对本单位电梯的管理、运行及大修、改造项目、工程进度和施工安全计划、组织等实施检验和监督责任，执行本单位与维护保养单位签订的电梯维护保养、运行协议，对电梯进行全面管理，以保证其正常运行。

（2）应对电梯进行日常巡视，并记录电梯的使用状况；按照有关标准规范进行质量检查，及时对运行中发生的故障组织进行维修或采取具体的预防措施。

（3）电梯管理部门负责人单位每月最多15日组织相关人员对电梯进行一次维护、保养工作，了解电梯的运行状况。

（4）发现电梯运行事故隐患应停止使用，并且立即报告本单位负责人。

（5）接到故障报警后，应立即赶赴现场，组织电梯维修作业人员进行维修。

（6）实施对电梯安装、改造和维护保养工作的监督，对维护保养单位的维护保养记录签字确认，对在维修过程中及司机操作时的各种不安全因素和违章提出警告或经济处罚。

（7）对定期检验后质量技术监督局检验人员提出的"检验意见通知书"的具体内容经整改后进行检查，并监督执行。

（8）制定和落实电梯的定期检验计划。

（9）检查电梯安全注意事项和警示标志，确保齐全清晰。

（10）妥善保管电梯钥匙及安全提示牌。

（11）协调各有关部门解决电梯出现的故障问题，清楚维护保养人员、司机安全运行工作内容。

（12）代表单位与业主、维护保养单位等进行沟通，听取意见与建议，不断改进工作，提高乘客满意程度。

15

（13）定期组织、参与电梯的紧急救援预案演习。

（14）定期向单位法人进行工作汇报。

（二）　电梯应急救援领导小组组长职责

（1）应急救援领导小组组长为单位负责人。

（2）应急救援领导小组组员包括单位电梯管理人员、单位安全保卫人员、单位安全员、维护保养单位负责人、维修人员、电梯司机等。

（3）当电梯因停电、故障等原因将乘客困在轿厢内时，应由组长负责，组织、联系其他小组人员应立即赶到现场。

（4）当发生漏水、火灾或地震事故时，组长应在 30 min 内赶到现场，其他小组成员应尽快赶到现场，组织维修或抢救。

（5）每年至少一次由组长负责组织电梯应急救援演习。

（6）定期巡视检查应急救援物品，如易燃易爆品应单独保存的，消防器材应放在机房固定位置并应保证其在有效期内。

（7）一旦发生事故，由组长指挥现场。当发生伤人事故时，组织人员打电话报警，救援小组成员救助伤员，保护好事故现场，并及时上报单位法人，事故后要认真分析其原因、制定防范措施并写出事故报告。

（8）应定期对单位安全管理人员进行电梯故障应急救援措施及有关专业知识的培训，事故案例的学习，组织单位人员现场演习培训及逃生方法等。

（9）电梯应急救援领导小组组长对本单位电梯的正常运行负全责。

（10）负责救援物资的准备、管理工作。

（三）　电梯运行安全操作规程

电梯司机在上岗之前要对其所操作的电梯的性能有一个详细的了解，掌握各运行环节之间的关系，熟悉各种按钮和开关的功能及通信设施的正确使用。电梯司机要有高度的责任感和良好的职业道德，爱护设备，精神集中，为乘客提供安全、优质的服务。

三、电梯司机安全操作规程

（一）　一般安全规定

（1）严禁无证上岗。电梯司机必须经过专业培训，并通过考核取得质量技术监督局颁发的电梯司机特种作业操作证。

（2）凡正式上岗人员，一定要严格执行安全操作规程，工作时严禁谈笑打闹，做与本职工作无关的事情。

（3）上班时必须穿好工作服，戴好胸牌，严禁穿拖鞋或赤脚工作。

（二）　电梯运行前的准备工作

（1）电梯司机上岗前要了解电梯运行的情况，做好交接班手续。

（2）在开启层门进入轿厢前，应看清楚轿厢是否停在该层站，再合上相应的开关（如照明运行电源和风扇等开关）。确定运行方式后，做一次简单的试运行，检验启动、运行、换速、平层、停车、开门和关门等是否正常，安全触板（光幕）和急停开关是否起作用，楼层显示灯和按键指示灯是否显示正常。若发现问题，要及时通知维修人员。

（3）保持轿厢、层门口卫生清洁，应特别注意层、轿门地坎槽内有无杂物，如有杂物应及时清除，以免影响层、轿门的正常开启和关闭。

（4）在层门外时，不能用手扒层门，当层、轿门未完全关闭时不能启动电梯。

（三）电梯运行中的注意事项

（1）严禁电梯超载运行，当客用电梯超载时，要劝告后来进入的乘客自动退出轿厢，等待下次运行。

（2）客梯不允许装载货物，轿厢内不准装载易燃、易爆等危险品。

（3）轿厢内严禁吸烟，劝阻乘客在轿厢内嬉戏打闹。

（4）当货梯使用时，不允许用开启轿厢安全窗、轿厢安全门等方法运送超长超大物件。

（5）病床梯运送病人时，其他人员应礼让病人先行到达有关层站。

（6）在开、关门之际，应提醒乘客不要触摸或紧靠轿门，以防夹伤。学龄前儿童应由成年人陪同搭乘电梯。

（7）劝告乘客勿逗留在轿厢内闲谈，影响电梯的运送效率。

（8）不允许使用轿内检修开关、急停开关或电源开关做正常运行中的信号。

（9）在电梯正常运行过程中，不得突然转向，必要时应使电梯就近平层停车，然后换向。

（10）电梯在正常运行时若突然发生停驶或失控等故障，司机应立即扳动急停开关，保持镇静，并将电梯转换成检修状态，劝告乘客切勿撬门逃生，应立即通知维修人员进行救援和维修。

（11）若基站以外某层楼发生火灾时，司机应保持冷静，并尽快将电梯开到基层锁梯，禁止乘客利用电梯逃生。

（12）凡是运行的电梯必须由专职司机操作，司机本人的《特种作业操作证》应随时携带，以备有关人员检查。

（13）当司机需要暂时离开轿厢时，应将电梯开至基站，锁好电梯并悬挂"稍候"告示牌，并尽快返回工作岗位，以免乘梯人长时间等待。

（14）当电梯停用时，须将电梯轿厢停在基站，关闭操纵盘上照明、电风扇、电源的开关，用电暖气时应拔出电源插头，锁好电梯。

（四）应急故障处理

当电梯发生下列故障时，司机应立即关闭电源开关，并通过轿内报警装置（电话、警铃）及时通知维修人员或管理人员进行故障排除。

（1）当层门、轿门关闭后，没有下达运行指令就自动运行的电梯。

（2）层、轿门打开后，按目的层按钮或有呼梯信号时继续运行的电梯。

（3）电梯运行方向与指令方向相反。

（4）电梯运行速度有明显加快或下降，运行中有异常声响、震动或冲击。

（5）内选、外呼、平层和指令信号失灵、失控。

（6）预选层门不能平层或超差过大。

（7）电梯在正常运行时，发生安全钳误动作。

（8）平层后不开门，按附近上或下一层仍不开门。

（9）接触电梯金属部分有触电感。

（10）设备元件因过热而散发出焦臭味或发现井道内、井道底有烟或出现渗水现象。

（11）轿内照明灯突然熄灭。

四、电梯日常检查制度

为了贯彻国家及质量技术监督局相关文件规定的要求和《电梯使用管理与维护保养规则》（TSG T5001—2009），使用电梯的单位应结合实际情况，制定日常检查制度。

（1）每月组织有关部门人员对电梯使用状况进行抽查，发现问题填写"检验意见通知书"并制定调整和预防措施，保证检查工作的实效性。

（2）每月对电梯进行专检和抽检，确保电梯满足正常使用和相关标准的要求。对在次月需要进行年度检验的电梯进行年度检验，保证年检电梯符合检验要求规范。

（3）电梯安全管理人员每天必须对所管辖的电梯进行日常巡视，认真填写"日常使用状况记录"，发现问题应及时处理，处理不了的问题要及时上报电梯主管人员，由电梯主管人员组织人员解决。

（4）电梯主管人员每月对电梯有关部门、人员的工作状况进行检查，对质量记录的填写状况如内容、签字、日期等进行检查，如有未签字或漏交质量记录的，按相关制度处理。

（5）每周要对电梯司机的工作状况、仪表、仪容、运行记录等进行检查，协调其做好服务工作，电梯主管人员每周至少一次对有关司机进行巡查，发现问题应及时解决。

（6）电梯主管人员每周对相关部门人员的工作进行检查，并布置下周工作，切实做到本周工作本周完成。常规检查工作是一项很重要的工作，它需要有关人员积极协调与配合，并将电梯运行中的质量问题和不安全因素消灭在检查与整改中，以保证电梯的正常运行。

五、电梯维护保养制度

为保证维修、保养工作各环节密切相连，修保单位应做到随时急修，且每15日对电梯进行一次维护保养，并对每月保养、季度保养、半年保养、一年保养等制定维修、保养制度。

（1）维护保养单位对其维护保养的电梯的安全性能负责。应当对新承担维护保养的电梯是否符合安全技术规范的要求进行确认，维护保养后的电梯应当符合相应的要求，并且处于正常的运行状态。

（2）维护保养单位应按照《电梯使用管理与维护保养规则》（TSG T5001—2009）及有关安全技术规范以及电梯产品说明书的要求，制定维护保养方案，确保电梯的安全性能达标。

（3）修保单位每15日对电梯进行维护保养，并填写维护保养记录，使用单位主管人员应核实情况后，在维护保养记录上签字认可；修保单位每15日最后一周将进行的维护保养记录以及电梯的维修状况、故障及解决情况汇总，与其他记录一并上交电梯使用单位的主管人员。

（4）制定应急措施和救援预案，至少每半年进行一次针对本单位维护保养的不同类别（类型）电梯的应急演练。

（5）设立 24 h 维护保养值班电话，保证接到故障通知后及时予以排除。电梯困人事故发生后，维修人员应在 30 min 内抵达维护保养电梯所在地实施现场救援。

（6）对电梯发生的故障等情况，应及时进行详细的记录。

（7）建立每部电梯的维护保养记录，并归入电梯技术档案，档案至少保存 4 年。

（8）协助使用单位制定电梯的安全管理制度和应急救援预案。

（9）对承担维护保养的作业人员进行安全教育与培训，按照特种设备作业人员考核要求，组织取得具有电梯维修项目的特种设备作业人员证，培训和考核记录存档备查。

（10）每年至少进行 1 次自行检查，自行检查在特种设备检验、检测机构进行定期检验之前进行，自行检查项目根据使用状况决定，但是不少于《电梯使用管理与维护保养规则》（TSG T5001—2009）年度维护保养和电梯定期检验规定的项目及内容，并且向使用单位出具有自行检查和审核人员的签字、加盖维护保养单位公章或其他专用章的自行检查记录或者报告。

（11）安排维护保养人员配合特种设备检验、检测机构进行电梯的定期检验。

（12）当电梯发生故障时，需两人进行操作（电梯司机予以配合），电梯修复后要先进行试运行，确认无误后再正式投入运行，将修复状况填入电梯急修工作单并要求维修人员和使用单位的主管人员确认签字。

（13）在维护保养过程中，发现事故隐患应及时告知电梯使用单位；发现严重事故隐患，应及时向当地质量技术监督部门报告。

六、电梯定期报检制度

电梯必须在"安全检验"标志有效期到期前一个月报特种设备检验检测机构进行定期安全检验。经检验、整改合格后重新换发"安全检验"标志。

（1）有关部门或人员依据电梯档案查询电梯"安全检验"标志有效期日期，建立年度定期检验明细表，在"安全检验"标志合格证到期前一个月向特种设备检验检测机构申报年检。

（2）在特种设备检验检测机构检验之前，组织有关人员和维护保养单位对电梯进行年度保养和自检。

（3）有关部门或人员在对电梯进行年度保养后，需要对电梯进行安全性能检查，并填写"年度自检记录报告"，使电梯的安全性能满足特种设备检验检测机构的要求。

（4）新安装电梯经监督检验合格后，第二年应到当地特种设备检验检测机构报检，并将具体检验时间登记在年检电梯的明细表中。

（5）电梯主管人员依据电梯轿厢内"安全检验"标志的有效日期提前一个月向主管领导报告检验周期，避免漏报少报。

（6）主管人员每月检查有关人员对电梯的报检及检验状况，及时解决存在的问题，做到本单位管理的电梯 100% 报检，所有电梯报检工作均由主管人员安排、协调，确保年度安全检验工作的顺利进行。

七、电梯钥匙使用管理制度

电梯是关系到人身安全的特种设备，为保证电梯安全运行、机房设备的安全及电源、层门应急开启特制定本制度。

（1）电梯机房、活板门、检修门、电源和层门外开钥匙必须指定专人保管，不同机房的各种钥匙要做好耐磨损的标记，由主管人员集中保管，各备用钥匙应由专人妥善保管。

（2）如需用机房、活板门、检修门钥匙，应报主管人员批准，由专业人员配合开锁，不得将钥匙借给他人。

（3）电梯司机使用的电梯电源（开梯）钥匙，应由运行负责人根据工作需要发放，并建立领用和借用登记本。

（4）电梯层门外开钥匙的使用者应为受过专门训练并取得电梯维修作业等相应资格证的人员，层门外开专用钥匙的发放要有专人负责，建立领用登记本，没有特种作业操作证的人员不能领用。

（5）当需要配制备用机房、电源及层门外开钥匙时，必须报主管领导批准，未经批准任何人不准私自配制。

（6）当单位人员变动时，原保管人与接替人要办理交接手续。应有文字记录，并由双方签字。

（7）当合同到期要更换维护保养单位时，由主管领导办理交接手续，并要求原维护保养单位交出机房、活板门、检修门、层门外开钥匙及电梯电源钥匙，做好交接记录。

（8）电梯所用各种钥匙的借用记录应由专人保管完好，以随时备查。

八、作业人员与相关运营服务人员的培训与考核制度

对电梯安全管理人员、司机进行定期的培训与考核制度是针对电梯这一特种设备而制定的。

（1）所培训人员应无妨碍从事电梯作业的疾病和生理缺陷。

（2）应定期对安全管理人员、司机进行《电梯维修安全操作规程》《电梯应急救援》《电梯司机安全操作规程》等培训工作。

（4）应定期对安全管理人员、司机进行电梯构造、运行相关知识的培训。

（5）应定期对管理人员、司机等进行相关电梯法规标准、检验规程及具体技术要求的培训。

（6）每年至少对安全管理人员、司机进行一次考核，并按制度分别给予奖励或处罚。

（7）定期组织管理人员、司机参加由质量技术监督局组织的取证换证工作。

（8）不允许无证或特种设备操作证过期且未复试人员上岗工作。

九、电梯意外事件或者事故的应急救援预案与应急救援演习制度

为了保障电梯在发生意外事件和事故时能及时有效地得到处理，迅速消除事故源，及时抢救伤员，抢修受损设备，最大限度地减少事故带来的负面影响，降低事故的损失而制定本制度。

（一）领导及救援小组组成

（1）领导及救援小组由本单位法人代表任组长，分管电梯设备或安全负责人任副组长。组员应由物业（或后勤）部门负责人、电梯安全管理员、电梯司机、电梯日常检查人员等人组成。

（2）具体分工：组长负责事故或救援演习现场总指挥，对外联络，对内组织、协调及进行技术指导。副组长负责落实具体事故或救援演习措施，如疏散人员，照相，事故记录，拟定救援演习参加人员，通知维护保养单位（或专业应急救援单位）实施救援。各成员负责现场秩序维护和救援准备工作。

（3）维护保养单位和专业应急救援单位人员均到达现场后，应由维护保养单位具体实施应急救援或演习，专业应急救援单位给予技术支持。

（二）报告制度

（1）发生电梯设备安全事故后，现场负责人、操作人员应在第一时间内把事故情况向救援领导小组报告。如发生特大事故时，救援领导小组应立即上报当地质量技术监督局分管领导，并逐级上报。事故报告应包括事故发生的时间、地点、设备名称、人员伤亡、经济损失和事故概况等。

（2）进行困人救援演习时，现场负责人应精心组织，模拟被困人员或现场负责人应拨打轿厢内的维修电话向电梯维修单位求援。

（三）现场保护

（1）为了进一步调查事故发生原因，吸取教训，以及事故的善后处理。事故发生后的现场应注意保护，除因抢救伤员必须移动现场物件外，未经救援小组组长或副组长同意，一律不能破坏现场。必须移动的现场物件，最好事先摄像保存现场原始性。此外，要妥善保护现场的重要痕迹、物证等。

（2）困人救援演习现场也要做好秩序维护工作，以防止演习过程中发生不应出现的问题。

（四）救援工具

救援演习单位必须佩备安全带、安全帽、绝缘鞋、救援服、缆绳、担架、对讲机等救援工具。

（五）救援实施的方法和步骤

1. 发生事故后救援的实施方法和步骤

（1）救援小组查明事故原因和危害程度，确定救援方案，组织指挥救援行为。

（2）设立警戒线，抢救伤员，保护现场，防止事故扩大，疏通交通道路，引导救护车、消防车等。现场物件需移动的，应摄像保存或做出标识，绘制现场简图，做好书面记录。

（3）使受伤人员尽快脱离现场，根据需要拨打120、119。

（4）对于易燃、易爆、有毒及炽热金属等特别物件，应迅速采取对策，及时处理。

（5）对救灾人员进行安全监护，保证抢救人员绝对安全，防止事故进一步扩大。

2. 困人救援演习的实施办法和步骤

（1）及时与被困人员取得联系，并进行安抚，告知其安静等待救援，不要扒门或将身体任何部位伸出轿厢外（指轿厢未平层且电梯门被打开的情形）。

（2）迅速和电梯维护保养单位取得联系，告之电梯发生困人事件。若一时无法联系，或维护保养单位救援人员不能及时赶到，可直接拨打110，请专业的救援人员前往。

（3）尽量确认被困人员所在的轿厢位置，防止其他在电梯外等候的乘客对设备采取不理智的举动。在一层和故障层设好防护栏，防止意外事故发生。

（4）若得知被困人员中有伤病员，应做好其他救援准备。

（5）救援人员到达现场后，应按松闸盘车救援程序进行。

（六）公布联系电话

（1）电梯维护保养单位应张贴单位名称与24 h召修电话。

（2）在电梯轿厢内还应张贴本单位值班电话。

（七）应急救援演习

（1）电梯使用单位应每年组织一次应急救援演习，使相关岗位人员熟悉应急救援的内容和措施，提高应急处理能力。

（2）演习内容、时间、排险方法、急救预案等由电梯安全管理人员拟定并由行政领导批准后实施。

（3）演习结束后，电梯安全管理人员应将该次演习的情况做书面记录，并进行总结，对存在的问题在下次演习中进行调整、修改。

十、电梯安全技术档案管理制度

电梯设备的安全技术档案应完整地反映出该电梯的所有数据及情况，并能通过技术资料解决实际运行中发生的各种有关问题。因此，每一台电梯的档案材料均须完整、无缺、备查。

（1）电梯技术档案应由专门的部门或人员进行专项管理。

（2）电梯的原始技术档案及检验报告、建档登记、维护保养过程中形成的各种质量记录均包括在技术档案内。

（3）有关质量记录应填写清晰、及时、完整并有签字认可。

（4）有关部门及人员对质量记录进行收集整理，定期移交部门或人员存档。

（5）有关责任部门应按国家质量技术监督局的要求妥善保管质量记录，不得有破损。

（6）各有关质量记录、检验报告保存期限根据国家有关规定进行存档（如质量技术监督局定期年检报告及检验意见通知书至少应保存3年）。

（7）当需用技术资料及有关质量记录时，经过必要的审批可暂时借用。

（8）电梯设备的安全技术档案应包括：

①《特种设备使用注册登记表》；

②设备及其零部件、安全保护装置的产品技术文件；

③安装、改造、重大维修的有关资料、报告；

④日常检查与使用状况记录、维护保养记录、年度自行检查记录或者报告、应急救援演习记录；

⑤安装、改造、重大维修监督检验报告，定期检验报告；

⑥设备运行故障与事故记录。

日常检查与使用状况记录、维护保养记录、年度自行检查记录或者报告、应急救援演习记录，定期检验报告，设备运行故障记录等至少应保存 2 年，其他资料应当长期保存。当使用单位变更时，应当立即移交安全技术档使用登记资料。

十一、电梯机房管理制度

（1）电梯专用机房应做到随时上锁，门锁钥匙应由主管人员或专门人员保管。

（2）机房应通风良好，照明满足要求，门窗关闭灵活，任何季节机房内温度保持在 5 ℃ ~40 ℃。

（3）机房内应保持干净、整洁，严禁存放易燃易爆或危险品，且不准堆放其他杂物。

（4）机房内消防器材应放在显眼位置，并保证设备良好，且在有效期内。

（5）电梯机房应每周打扫一次卫生。

（6）闲杂人员不准进入机房，若因工作需要必须进入时，须经主管人员批准，并由专业人员陪同下。

（7）未取得特种设备操作证的人员，不得随意动用、操作电梯设备。

（8）由专业人员依据《安全操作规程》规定，保持机房内设备设施表面无积尘、无锈蚀、无油渍、无污物，保证电梯的正常运行。

（9）电梯机房因维修、保养等造成停梯时，应在基站挂出告示牌。

十二、故障状态救援操作规程

电梯运行中因电梯故障或供电中断等原因突然停驶，将乘客困在轿厢内，应由维修及有关人员进行紧急救援，特制定本操作规程。

（1）电梯在故障状态下的救援须由专业维修人员进行。

（2）救援人员需要保持镇静，及时与单位及有关人员取得联系，并告之其具体情况。

（3）电梯司机或救援人员应向乘客说明故障原因，使乘客镇静等待，并劝阻乘客不要强行扒轿门或企图出入轿厢，而是维修人员保持联系。

（4）不准从轿厢安全窗撤离被困人员，以防发生人身伤害事故。

（5）确定统一指挥、监护、操作人员，以防发生人身伤害事故。

（6）指挥人员、维修人员应了解被困人数及其健康状况，轿厢内应急灯是否完好，轿厢所停层站位置，以便救援顺利进行。

（7）在救援工作开始前，必须先检查各层门是否关闭。

（8）在救援操作前先通知被困人员，在救援操作开始时，请司机或乘客予以配合。

（9）在机房拆去曳引电动机轴尾的防护罩（若有的情况下）。

（10）按照电梯手动盘车须知程序进行操作。

（11）当轿厢未超出顶层或底层平层位置时，可向较省力的方向移动轿厢。当电梯超出顶层或底层的平层位置时，则应向顶层或底层的反方向移动轿厢。

（12）当按上述方法和步骤进行救援操作时如发生异常情况，应立即停止救援，并及时拨打 110 进行紧急救援。

（13）故障状态下的救援工作结束后，应由维修人员全面检查故障原因，并及时处理恢复电梯的正常运行。

（14）维修及有关人员应将故障原因及排除方法记录在事故记录本上备查。

十三、电梯手动盘车须知

（1）手动盘车前必须切断主电源开关。

（2）通过对讲电话告诉轿厢内乘客，不要倚靠在轿厢门上，应尽量远离轿厢门，听从操作人员指挥。

（3）手动盘车操作至少应由两人进行，一人用开闸扳动打开制动器，另外一人（或二人）进行盘车。

（4）盘车时应缓慢进行，尤其当轿厢在轻载状态下时，往上盘车时要防止因对重侧重，造成溜车。

（5）当将轿厢盘至就近层站平层时，应停止盘车，并使制动器复位。

（6）确认制动可靠后，手应放开（或拿下）盘车手轮。

（7）通过曳引绳层标及其他措施确认轿厢平层位置后，维修人员到轿厢停站楼层用外开机械钥匙打开层、轿门放出被困人员。

（8）对无变速齿轮箱的电梯进行盘车时，应防止轿厢失控。

十四、盘车须知（自动扶梯）

当自动扶梯发生故障（或因有卡阻物导致自动扶梯停止运行）需要进行手动盘车时，应按下述步骤进行。

（1）确认自动扶梯全行程之内无人或其他杂物。

（2）确认扶梯上（下）入口处已有维修人员进行监护，严禁其他人员上（下）自动扶梯。

（3）断开主电源开关。

（4）将上（下）机房盖板放到安全处。

（5）装好盘车手轮（固定盘车轮除外）。

（6）按照盘车运动方向标志进行上（下）慢速盘车。

（7）故障（卡阻物）消除后，取下盘车手轮，并放回到固定位置（固定盘车轮除外）。

（8）当检修运行正常后，方可进行试运行。

（9）当试运行正常后，将上（下）机房盖板恢复后，方可进行正常运行。

十五、乘梯须知（客梯）

（1）注意轿厢内是否具有"电梯安全检验合格"标志，未经检验、检验不合格或超过检验有效期的电梯不得使用。

（2）乘梯时应相互礼让，不得在轿厢内打闹、蹦跳或其他危害电梯安全运行的行为。

（3）应正确使用轿厢内外的各种按键，请勿乱按，服从电梯司乘人员指挥。

（4）电梯门在打开状态时请勿使用外力或物品强行阻止电梯门关闭，电梯运行中不得用手或其他物品强扒电梯门，以免发生停梯事故。

（5）请勿在轿厢内吸烟、吐痰或其他不文明行为，不准携带易燃易爆及腐蚀性物品乘坐电梯。

（6）学龄前儿童及其他无民事行为能力人员搭乘无人职值的电梯时，应有成年人陪同。

（7）若电梯运行中发生任何意外，则应利用轿厢内警铃和通信装置与电梯维修、管理人员联系，等待救援，切勿扒门以免发生危险。

（8）载客电梯严禁载货。

十六、使用电梯须知（货梯）

（1）注意轿厢内是否贴有"电梯安全检验合格"的标志，未经检验、检验不合格或超过检验有效期的电梯不得使用。

（2）当电梯门在打开状态时，请勿使用外力或物品强行阻止电梯门关闭，电梯运行中不得用手或其他物品强扒电梯门，以免发生停梯事故。

（3）不允许装送易燃易爆的危险物品，严禁超载荷使用。若遇特殊情况，须经司机和管理部门同意并严加安全保护措施后方可装入。

（4）不允许利用轿厢安全窗装运超长物件。

（5）除特别设计的载货电梯之外，切勿用机铲车在一般货梯内装卸货物。

（6）电梯运行中如发生任何意外，应利用轿厢内警铃和通信装置与电梯维修、管理人员联系，等待救援，切勿强行扒门，以免发生危险。

（7）载货电梯严禁载人。

十七、使用电梯须知（杂物梯）

（1）电梯轿厢内应贴有"电梯安全检验合格"标志，未经检验、检验不合格或超过检验有效期的电梯不得使用。

（2）使用电梯时，应确认各层门已关闭完好。

（3）请使用警铃按钮通知各层站，该层使用电梯，并按下相应层站按钮。

（4）打开层门后严禁将身体、头部伸入轿厢。

（5）货物装卸完毕后，应将层门关闭，并确认完好。

（6）电梯运行中如发生意外，应利用轿厢内的通信装置与电梯维修、管理人员联系，等待救援，切勿强行扒门，以免发生意外。

十八、电梯定期检验须知

电梯每年检验一次，使用单位须在上一年检验合格到期前一个月到特种设备检验所报检，确定具体检验的日期。

1. 定期检验使用单位需准备的资料

（1）使用登记资料，内容与实物相符。

（2）安全技术档案，至少包括制造单位资料、安装资料、改造、重大维修资料，以及监督检验报告、定期检验报告、日常检查与使用状况记录、应急救援演习记录、运行故障和事故记录等。

（3）以岗位责任制为核心的电梯运行管理规章制度，包括事故与故障的应急措施和救援预案、电梯钥匙使用管理制度等。

（4）与取得相应资格单位签订的日常维护保养合同。

（5）按照规定配备的电梯安全管理和特种设备作业人员的资格证。

（6）维护保养单位资质证明。

（7）限速器检验报告及合格标志。

2. 维护保养单位应备事宜

（1）本单位维修、保养资质证明（复印件需加盖公章）。

（2）参与定期检验维护保养人员个人操作证（复印件）。

（3）日常维护保养记录、年度自行检查记录或者报告。

3. 现场检验参与及配合人员的要求

（1）使用单位（或建设方）相关负责人以及电梯施工管理人员。

（2）安装施工单位项目负责人及质检人员。

（3）现场检验配合人员：安装施工单位应为每个检验组（2个检验员）至少配备3名检验配合人员（其中保证机、电工各1人，电工应熟悉被检设备的电气控制线路，可以进行线路短接、清除故障等操作），以及适当数量的搬运人员。

4. 领取检验报告及安全检验标志

（1）被检电梯结论为合格的，可于十日内直接办理领取检验报告及安全检验标志。

（2）被检电梯经整改后结论为合格的，需由维护保养单位整改完毕，填写结果后，由使用单位在检验意见通知书上加盖公章，办理领取检验报告及安全检验标志。

（3）被检电梯结论为不合格的，需由维护保养单位整改合格后，重新报检。使用单位应在整改意见书上加盖公章确认，经再次检验合格后，办理领取检验报告及安全检验标志。

第三节　电梯作业人员职业规范

一、维护保养安全操作规程

（1）全体维护保养人员必须持证上岗。

（2）维护保养人员必须穿戴劳动防护用品，作业时必须做好自身安全措施，严禁酒后作业。

（3）严格按照维护保养工艺手册作业。

（4）维修和保养小组人员到现场后，必须先告知用户，了解现场情况、熟悉安全设施、作好相应安全警示后，方能开始操作。

（5）当维修电梯时，进入轿厢的工作人员必须先看清楚轿厢是否确在本层，方可进入，不要只看指示灯，在轿厢停妥之前，严禁从轿顶跳进跳出。

（6）施工人员进入电梯井道工作时，必须佩戴安全帽。由于井道上下密切联系，因此作业时严禁上下抛投物件。高空作业时应系好安全带，并携带工具袋，以免工具坠落造成事故。

（7）需多人配合作业时，应注意安全，相互配合。

（8）维护保养完毕，离开机房时必须随手锁门，并经用户代表确认后，方可离开。

二、自检人员安全操作规程

（1）自检人员必须具备相应资格并持证上岗，签署报告书并对检测项目的结论承担技术责任。

（2）验收时，电梯各层入口处应挂验收警示牌。

（3）质检人员与施工者要密切配合，一切现场人员都要听从质检人员的指挥，检验时互相之间要交代清楚，并要回复指令后方能进行。

（4）检验时所有使用的行灯必须采用 36 V 以下的安全电压，严禁在井道内无照明装置下进行检查。

（5）进入轿顶检验时，两腿必须站稳，手、头、脚、身均不得超越厢体边缘，当工作需要超越边缘时，一定要断开电源。

（6）在轿顶检查各部位时，应将轿顶检修开关打开，断开轿厢控制回路，由轿顶控制，开慢车进行检查。

（7）当进行底坑检验时，必须断开底坑安全开关，验收时不得载货或载人。

（8）严禁跨在轿厢和厅门之间进行检查。

三、电梯保养检修通则

为了确保电梯的安全运行，必须建立正确的保养检修制度，对电梯进行经常性的必要的保养检修。保养检修人员在对电梯进行保养检修时，为使工作顺利进行必须注意安全操作规程。

（1）保养检修人员必须经过严格的技术和安全知识考核后，方能进行独立操作。对电梯进行保养检修时必须由两人配合进行（必要时可有多人配合），其中一人为主，另一人为副。

（2）对电梯进行保养检修时应该在各厅门口悬挂"检修停用"的标志。当步入机房工作时应先将电源总开关切断，并挂上"有人工作，切勿合闸"的警告牌。

（3）当保养检修人员在轿顶工作时，应将轿顶安全钳连动开关断开或将轿顶检修箱上的急停开关断开。当保养检修人员在地坑工作时，应将限速器张紧装置上的安全开关断开。

（4）严禁保养检修人员在井道外探身到轿顶，或在轿厢和厅门之间各站一只脚进行保养检修工作。

（5）保养检修人员必须穿戴符合要求的工作服、帽和绝缘鞋，所用的工具必须是无缺陷的，严禁使用不合格的工具。如果必须进行带电操作，则应有人在旁监视并做好应急措施。

（6）电梯在进行保养检修时不准载货或载人。

（7）电梯检修人员在工作中所使用的手持照明电压应为 36 V。

（一）机房设备的保养与检修

（1）当对机房控制屏（柜）进行保养与检修时，首先要注意带电部分，特别是在两台以上电梯并联的情况下，即使将电梯总电源切断，其控制屏（柜）上仍有带电部分。

（2）当用漆刷作为工具清除控制屏（柜）上的积灰时，应当将漆刷上的金属部分用绝缘物包裹起来，防止触电或造成器件之间发生短路。

（3）在对控制屏（柜）调换较多电气元件后，为了检查调试控制屏（柜）工作的正确性，应将驱动电动机的电源和制动器电源断开，以避免发生轿厢误动作造成人员伤亡。

（4）全面清洁、检查选层器时，保养检修人员应在机房让电梯作慢速运行，如发现钢带有断齿、裂缝应及时修复或更换。

（5）保养检修人员在对曳引机组进行全面清洁加油揩擦时，应在电梯停驶的情况下进行，严禁在电梯运行时对电动机两端盖轴承注油（防止飞轮和刹车盘碰痛手或有异物落入机电内）。

（6）全面清洁、检查刹车部件时，须将部件拆下，这时候应让电梯对重沉底，同时轿厢内不准载有重物和人员进出，防止发生意外。

（7）在检查蜗轮、蜗杆啮合及油质时，应在电梯静止状态下进行。特别要防止在电梯运行时打开窥视孔盖采取油样。蜗轮、蜗杆对因轴向传动而须拆下轴承盖调整垫厚时，应在电梯对重沉底，刹车抱闸后进行。

（8）在用汽油、甲苯等易燃物对电动机内部及其他部件的油污进行清洗时，严禁有明火。工作完毕后，必须等汽油、甲苯完全挥发后再让电梯运行。

（9）直流电动机的换向器因与人工制造炭接触不良而造成麻点发黑后，用细砂皮修光时应在机电正常运转后，而不要在电动机起动的瞬间进行。磨砂时应顺其运转，而不要反向进行，防止弹痛手指或遭电击。

（二）井道设备的保养与检修

（1）在对小导轨加油时应让电梯慢速运行，不准用手对导轨涂抹牛油，尤其是给对重导轨加油，如果小导轨在轿厢后面则必须注意头和脚不要凌驾轿厢边沿；如小导轨在轿厢侧面，则不准伸手越过轿顶梁。

（2）检查干管和感应板以及井道内各种开关是否灵活时，应注意头、手、脚不要伸出轿厢边沿，同时，检查时电梯应开慢车运行和有足够亮度的照明。

（三）厅门的保养与检修

（1）当全面清洁检查厅门时，如吊门轮轴磨耗紧张应予以更换。当同扇门两只轮轴因磨耗而须更换时，不能同时更换两只，应先换一只后再换另一只，防止门扉倾倒。当较重的厅门拆下检修时，应由两人操作，并要停放妥后再检修。

（2）当保养检修厅门钩子锁时，应注意刀片插入情况，要保证人在外面不能用手将厅门扒开。操作时应让电梯慢速运行，注意头和手不要撞着上一层或下一层地坎。

（3）当保养检修底层（基站）厅门时，一般在轿厢内进行，如必须在井道内进行，则应停在上一层的轿厢不准有人进出，而且要关闭电源，并应有稳固的脚手架或扶梯。

（4）严禁短接门锁线和把守门继电器顶住。

（四）轿厢设备的保养与检修

（1）保养检修人员要按期对轿顶进行清洁和揩擦，因为积灰油污过多会使保养检修人员滑倒。

（2）当轿厢导衬磨耗紧张须调换时，不能同时更换四只，在更换时更不能贪图方便，不拆导靴，只将导靴压板拆下，用重物将旧靴衬敲出再敲入新靴衬，这样的做法是不对的，因为有可能将导轨敲毛或将手和他物轧入导靴和导轨之间。

（3）当保养检修轿厢门时，应做到轿门完全关闭后电梯才能启动，防止乘客伤亡。

（4）两台以上电梯并联，并且井道是互通的，保养检修人员不得随意从甲梯顶跨入乙梯顶。如必须这样做，则应停止甲、乙梯的运行。

（五）对重装置的保养和检修

（1）当对重轮加油时，若对重轮油杯在轴上时，应在轿厢停妥在相当的位置后再拧挤油杯；如油杯在对重轮上时，让电梯慢速运行待看到油杯将电梯停稳后再拧挤。

（2）当对重导靴磨耗紧张而须更换时，不能同时拆下四只导靴，以防止对重晃动从而造成危险。

（六）易损部件的保养和检修

（1）保养检修或调换厅外指示灯时会碰到用手无法取出的情况，这时候不能硬拧而要用钳子先将玻璃击碎，再将其拧出。如果用手硬拧，玻璃碎裂时会将手扎伤。

（2）在保养检修轿内指示器时，特别是在检修厅轿门上端的指示器时，不能在轿厢运行时进行，更不准在轿厢运行且轿门不敞开的情况下进行，防止检修人员站立不稳时发生危险。

（七）钢丝绳、电缆的保养和检修

（1）保养检修人员在对钢丝绳的磨耗程度、断丝情况进行察看和确定是否报废时，应在机房进行，并让电梯慢速运行。当因油污积灰而无法察看时，禁止用手去触摸，应用较软的替代物（如木棒）与钢丝绳接触，以防断丝划破皮肤。

（2）钢丝绳尚未达到报废标准，因积灰、油污影响使用而须进行清洗的，其方法是保养检修人员在机房让电梯慢速运行对钢丝绳逐段进行清洗，这时候电梯司机（副手）必须绝对服从操作人员的指令。

（3）检查电梯电缆的破损、裂纹、老化时，检修人员应在轿顶让电梯慢速运行，逐段进行检修，电梯司机（副手）必须绝对服从操作者指令。

（八）地坑设备的保养与检修

（1）保养检修人员要按期对地坑进行清洗，扫除垃圾，清除地面油污，防止步入地坑时因油污而滑伤或混在垃圾中的尖锐物硬块划伤脚。

（2）保养检修地坑中设备（如缓冲器张紧轮，补偿轮等）必须在电梯静止的情况下进行。为了检查钢丝绳长短，在测量对重与弹簧间隔时，应在电梯停在最高层落入地坑，不许电梯在向上行驶中步入地坑，防止电梯失灵突然向下行驶而躲避不及。

（3）当在两台以上电梯并联，且井道相通的地坑内检修设备时，保养检修人员不能随意从甲地坑步入乙地坑，同时严禁在甲乙两地坑狭小的间隙中站立或工作。为安全起见，必要时应停止甲、乙电梯的使用来检修设备。

（九）安全装置的保养与检修

（1）对机房内限速器的保养：在对其加油清洁时，应注意不要在橡皮轮上（星式）加油，以避免橡皮轮受油浸而膨胀，造成经常误动作。当需要验证安全钳动作时，应让电梯作慢速运行。

（2）限速器钢丝绳调整：限速器在使用过程中有可能会伸长，导致限速器张紧装置下沉触动电气开关，限速器误动作。保养时应调整钢丝绳的长度，确保限速器动作正常。调整钢丝绳时轿厢应停靠在最高层进行操作，防止误伤害。

（3）按期清除轿底安全钳上的积灰和过量的油污，以保证电器开关动作正常。调整安全钳楔块和导轨间隙时，电梯轿厢应停靠在保养检修人员能够工作的高度。不可攀扶在导轨架上单手进行操作。

（十）电梯急修的一般规定

（1）电梯急修中碰到冲顶、轧车问题而无法解决时，不能攀缘导轨去拆安全钳，应及时报告维修部门，安排检修。

（2）当电梯急修时碰到需要对控制屏进行检查或短接时，首先要分清直流110 V，交流220 V，三相380 V等主电路和控制回路，防止因不同电压之间发生危险。

（3）越程开关作用后，急修人员合闸前，应详细询问司机，不要随便合闸，更不应随意短路某电气开关让电梯继续使用。

（4）夜间急修人员如需要在机房工作，而又无照明的情况下，决不能盲目用手触摸一切部件，必须先解决照明问题才能工作。

（5）当急修人员因需要必须从甲轿顶跨到乙轿顶时，应让甲梯慢速运行一直至两轿顶相平，并在停妥后才能跨入乙轿顶，同时要求两电梯同时停用。

（6）当急修人员断开总闸刀，对控制屏（柜）进行维修时，必须先用校火灯头试验一下，是否仍有电源，防止因总闸刀未完全断开造成一相或二相仍有电压。

四、电梯维修工安全操作规程

（一）电梯维修前的准备工作

人员组织、资料复核、清点材料、检查工具、施工电源、检查井架、步入井道、作业方式、防水措施和样板设置等各项准备工作均须参照电梯安装工安全操作规程的要求。

（二）吊轿厢的要求

（1）吊轿厢必须要三人以上彼此配合进行。在吊装前必须充分计算重量，选用相应的吊装工具设备，并对这些设备（如手拉葫芦，钢丝绳子钢绳夹头，绳夹板架等）细心检查，确认无误后方可使用。

（2）手拉葫芦先安放在轿顶上，用检修速度使轿厢上行，待对重在接近需要的高度位置时，人才能步入井道地坑，随后上下彼此联系好后，用点动检修速度逐渐使对重与两根顶撑相柱牢。

（3）对重柱撑牢后，应关闭好底层厅门并切断总电源开关，再用绳夹板把对重端钢丝绳夹牢，精确选择好挂手拉葫芦的位置，使其有承受足够吊装负荷的强度。当使用手拉葫芦时，如拉不动就不要硬拉，必须查明原因，采取措施确保安全后再进行操作。

（4）钢丝绳轧头只准将两根同规格的钢丝绳轧在一起，严禁轧三根或不同规格的钢丝绳，钢丝绳轧头规格必须与钢丝绳相符合，轧头标的目的和间距应符合安全要求。

（5）当起吊轿厢时，要注意轿厢不可单向倾斜过大，且轿厢提升量不能超过补偿绳和衬轮的允许高度。轿厢起吊后，应当用保险绳对轿厢进行保险，确认无危险后，方可回松手拉葫芦，让保险钢丝绳受80%的力，其余力受在手拉葫芦上。

（6）检修曳引机及导向轮必须要悬吊轿厢。

（7）拆装曳引机及导向轮必须要用手拉葫芦起吊拆装就位，当用滚、杠、撬方法拆装零部件时，要正确使用并做好安全措施。

（8）修曳引机及导向轮必须由三人以上彼此配合进行，应由工地负责人统一指挥。

（9）当零部件拆装时，吊、抬、杠、撬重物应注意用力标的目的及用力的相符性，防止滑杠及脱手伤人。

（10）承重梁的更换操作要求须参照电梯安装工安全操作规程。

（11）更换对重架或对重铁承重螺栓必须要悬吊轿厢。

（12）当更换对重铁承重螺栓时，接近轿厢端的对重应用两根钢管竖立在重块处，并用绳子围扎在对重导轨上，更换时应逐根调换，严禁同时更换。

（13）当放置对重块时，应用手拉葫芦等设备吊装，搬装时应由两人共同配合，防止对重块掉落伤人。

（14）当更换对重脚时，必须关闭电源，不准同时拆掉两只以上的对重脚，当曳引钢丝绳已拆掉或轿厢悬吊时，严禁更换对重脚。

（15）当检修拆装对重轮时，必须先悬吊好轿厢，并用手拉葫芦及绳子吊装对重轮，设置时脚手架及扶撑要稳固牢靠。

（16）检修拆装轿脚和轿顶轮的操作要求，参照检修对重装置中的操作要求，检修门系统必须切断电源。

（17）调整轿底的不水平度时，应做好安全措施，只准用检修速度逐渐移动轿厢，并且彼此间要密切配合。

（18）更换轿厢或轿顶或轿底，必须搭脚手架，具体操作要求参照电梯安装工安全操作规程中安装轿厢的条例。

（三）检修曳引钢丝绳

（1）清洗钢丝绳。在运转的绳轮两旁清洗钢丝绳，必须用长柄刷帚操作，清洗时必须开慢车进行，并注意电梯的运行标的目的，清洗对重标的目的的钢丝绳时应开上升车，清洗轿厢标的目的的钢丝绳时应开下降车，开一段洗一段，人体不准直接与钢丝绳和曳引轮接触。

（2）调整钢丝绳。必须用检修速度移动轿厢，当调整钢丝绳受力时必须关闭电源。

（3）缩短钢丝绳。必须要悬吊轿厢，具体要求参照悬吊轿厢的操作要求，一般要求是缩短轿架端的曳引钢丝绳。

（4）检修脱槽钢丝绳。必须要悬吊轿厢后再把钢丝绳放入轮槽内，如果轿厢无法悬吊，则需要采用其他方法处理，就必须要做好各种安全措施，保证处于绝对安全的条件下才能施工。

（5）更换钢丝绳。必须要悬吊轿厢，可参照悬吊轿厢的操作要求。更换曳引绳的方法、具体要求可参照电梯安装工的安全操作规程中安装曳引钢丝绳的操作规程。

（6）更换复绕式曳引绳或高层电梯曳引绳必须要四人以上，彼此配合，并由工地负责人统一指挥。

（四）检修补偿装置

（1）当检修补偿装置时，必须用检修速度移动轿厢，进行操作时一定要关闭电源。

（2）检修补偿链或补偿绳，具体要求可参照检修曳引钢丝绳的要求，以及电梯安装工安全操作规程中安装补偿装置的有关安全操作规程。

（五）检修导轨及缓冲器

（1）当检修较细导轨时，升降轿厢必须要用检修速度，不操作时一定要关闭电源。

（2）当加固导轨支架时，不论是用焊接式或预埋式方法，参照电梯安装工安全操作规程中安装导轨及缓冲器的操作要求。

（3）当更换部分导轨时，首先要坚固被更换部分以上的导轨的压导板螺栓。如果是高层电梯更换部分导轨，则上端导轨应用螺栓和导轨支架固定牢靠，防止更换导轨时上端导轨滑移伤人。

（4）当更换导轨吊装时，应用手拉葫芦及绳子吊装，具体要求参照电梯安装工安全操作规程中安装导轨的操作要求。

（5）检修缓冲器，步入地坑必须关闭电源，在轿厢所在位置处的厅门口应设置障碍物，并挂有醒目的标志，还必须有专人看管。在拆装液压缓冲器时，防止因零部件油腻而脱手坠落伤人。拆吊缓冲器部件应用手拉葫芦和绳子扎紧起吊。

（六）检修限速器装置

（1）当缩短或更换保险钢丝绳时，应先将限速器衬轮用木块垫高，并且要求垫稳牢靠。

（2）当缩短或更换保险钢丝绳时，轿厢应位于顶层处。拆装保险钢丝绳应带好手套，要先拆下端连接，再拆上端连接。

（3）当清洗保险钢丝绳时，应用长柄刷子，从上至下进行清洗，移动轿厢应用检修速度。

（4）当悬挂限速器钢丝绳时，井道的下端严禁有人进入地坑。

（七）检修控制屏及选层指示器

（1）当整理控制屏或更换电气元件时，严禁带电操作，校验控制屏时不准操作人员直接接触带电体和接地体，在调试过程中发现接线有误时，应关掉电源后才能检查线路。

（2）当检修控制屏时，要注意两台并联电梯电源是否有回路。当一台电源关闭后，对共同线路的电源部分均要全部切断才能检修控制屏。检修控制屏工作完毕后，需要进行校验，在校验之前一定要正确放好熔丝和主接触器，罩盖全部要装好。校验时要求一人操作，一人监护。

（3）当清洗或检查机械选层器钢带时，轿厢升降要用检修速度，在操作时一定要切断电源。

（4）当更换超高层钢带时，必须把钢带装在两块夹板上卷放，放钢带时应注意与对重端导轨支架及各种装置有没有触碰。

（八）检修管路及线路

（1）更换线路必须要切断电源，穿线时要求彼此呼应，拉线时不能用力过猛，接线时应先接输出端，后接控制屏端。

（2）接线时严禁带电操作，校验时要求一人操作一人监护，严禁操作人员直接接触带电体和接地体。

（3）调换电管时一定要切断电源，更换井道管路时移动轿厢要用检修速度。

（4）弯管时要注意，所选择的弯管处长短曲直是否牢固，以防管路脱落伤人。

（5）敷设电管时，在完成一段后要及时用管卡固定电管，特别是在井道管路，不准利用伸缩节把电管吊住。

（九）检修电缆软线

（1）当更换电缆软线时，要在切断电源后才能拆除。

（2）当更换电缆软线时，要在挂线架能承受足够负荷强度时才能拆装更换电缆软线。

（3）更换电缆软线必须先定好长度，把软线逐根扎紧在挂线架上，在另一头理顺之后，再缓慢地把软线放下。

（4）装高层电缆软线要三人以上共同配合进行，接软线时，必须先接轿厢一端，后接控制屏另一端。

（十）检修接地线装置

（1）所有电气设备的金属外壳均应良好接地，其接地电阻值不应大于 $4\ \Omega$。

（2）接地线应用截面积不小于相线 1/3 的铜材导线，对最小截面积的要求是：裸铜线应小于 $4\ mm^2$，有绝缘层铜材线不应小于 $1.5\ mm^2$。

（3）接地线接头用螺栓连接的，应有垫圈和弹簧垫圈压条。

（4）接地线要正确无误，如三孔插座地端线接错，会造成金属外壳带电，而发生触电事故。

（十一） 检修越程开关

（1）检修越程开关进前线，闸刀开关线接好时，应当即装好接地线。

（2）当校验越程开关时，一定要用检修速度，并做好安全措施，特别要注意顶层高低和地坑深度的位置。

（十二） 检修限位开关及感应器装置

（1）检修或更换限位开关，必须先切断电源。校验限位开关时，严禁人站在地坑内。

（2）检修端站强迫减速开关及撞弓，必须要有二人以上配合进行。撞弓位置调整时，必须要用绳子吊装后才能限位。

（3）更换感应器装置时，必须先切断总电源。校验感应器装置时，移动轿厢应用检修速度，人身站的位置不准凌驾轿厢，并注意上下周围物体，防止碰伤。

（十三） 检修照明设备及检修箱

（1）检修或更换照明灯合子板上的电气开关及轿厢照明设备时，严禁带电操作，其管线路装置应单独敷设。

（2）当检修或更换轿顶检修箱时，一定要切断电源。检修箱安放的位置，要保证在骑跨处也触动不到箱上的电钮及开关。

（3）在施工中严禁站在电梯内、外门骑跨处进行作业，以防轿厢移动发生意外事故。

（十四） 加层工程

（1）电梯加层时必须搭建脚手架，搭建脚手架的要求可参照电梯安装工安全操作规程中的技术要求。

（2）轿厢位于最高层处，在轿厢下端应放置能承受足够强度的型钢架，并用保险绳把轿厢固定在机房钢架或大导支架及导轨上。

（3）曳引机、控制屏、限速器搬移到加层机房间内，各部件的安装操作技术要求，参照电梯安装工安全操作规程中的有关要求。

（4）巨细导轨安装的操作要求，参照电梯安装工安全操作规程中的有关要求。轿厢提升至最高层操作要求，参照悬吊轿厢的要求，并要会同有关安全部门，制定各种安全措施。

（5）电梯加层各部件的安装要求，参照电梯安装工安全操作规程中的有关要求。

（6）加层工程前的准备工作要求，参照电梯安装工安全操作规程中的有关要求。

（十五） 调试电梯及附则

（1）电梯在调试过程中，必须由专业人员统一指挥，严禁在调试过程中载客或载货。

（2）在调试过程中如需离开轿厢，必须切断电源，关上表里门并挂上"禁止使用"的警告牌，以防他人开启电梯。

（3）进出轿顶轿厢必须思想集中，看清轿厢的具体位置，轿厢未停妥时不准进出，严禁电梯外门一打开就进去，以防踏空下坠。

（4）进入机房检修时必须先切断电源，并挂有"有人工作，切勿合闸"的警告牌。

（5）当机房通车，清洗发机电组和控制屏中的继电接触器时，不得用金属工具去清洗，而要用绝缘工具进行操作。

（6）当机房通车时，作业人员必须彼此配合好，只能用检修速度移动轿厢，必要时应切断门电动机回路，防止经过层站打开厅门。

（7）电梯在将到达最高层前要注意察看，随时准备采取紧急措施。当操作或轨道加油时，则应在最高层的半层处停止。当多部并列的电梯施工操作时，必须注意左右电梯上下运行情况，严禁将身体和四肢伸到正在运行的电梯井道内。

（8）在运转的绳轮两旁清洗钢丝绳，必须用长柄刷帚操作。清洗时必须开慢车进行，并注意轿厢标的目的钢丝绳开下降车。

（9）使用吊装工具设备时，必须细心检查，确认无缺后方可使用。在吊装前必须充分估计重量，选用相应的吊装工具设备。

（10）手拉葫芦的位置应使其具有承受足够吊装负荷的强度。施工人员必须站在安全位置上进行操作，使用手拉葫芦时，如拉不动不准硬拉，必须查明原因，采取措施确保安全后再进行操作。

（11）井道和场地吊装区域下面及地坑内不得有人操作和行走，以免发生危险。

（12）起吊轿厢时，应用相应的保险钢丝绳将起吊后的轿厢进行保险，确认无危险后，方可回松手拉葫芦。在起吊有补偿绳及衬轮的轿厢时，应注意不能超过补偿绳和衬轮的允许高度。

（13）钢丝绳轧头只准用两根同规格的钢丝绳轧在一起，严禁轧三根或不同规格的钢丝绳。同时，绳轧头规格和轧头方规格必须与钢丝绳相符，轧头标的目的和间距应符合安全要求。

（14）地坑作业时，轿厢内应有专人看管，并切断轿厢内电源，如确需开车检修时，必须以地坑的操作者绝对安全为前提。

（15）调试电梯时，首先应检查各种机械装置和电气装置，以及各回路接线是否正确，然后才可通电试车。

（16）在调整检查过程中，一律要用检修速度移动轿厢。当人站在轿顶上时，人体不准凌驾轿厢，不准站在骑跨处，在调整操作或人员在地坑内时，必须关闭电源。

（17）试车时严禁把守门户锁线短接或把守门户锁继电器顶住。当首次运行快车时，机房内应有人观看，电梯只允许在中间层试车，随后可在两个端站处试车。

（18）在调试时，应先校验检修回路，随后校验快速回路，如果是自动电梯，应先切断召唤回路，待司机操作回路全部校验完毕，以及各种装置全部调试好后，可再投入无司机回路进行调试。

（19）在调试过程中，若需要调正线路或装置时，一律禁止带电操作。在测量电路须察看系统的动作程序中，严禁人体直接接触带电体和接地体。

（20）调试电梯应首先把各种安全保护装置校验调试好后，可再调试其他各种环节和装置。

（21）在调试过程中，必须由现场负责人统一指挥。检修人员不论在机房内、轿厢处、地坑内，都应选择好所站的位置，必须确保当设备装置转动和移动时，不发生伤人事故。

（22）在特殊场合维修电梯时，要采取特殊安全措施，确保施工时的安全。

（十六）电梯查验员安全操作规程

（1）为了保障查验员的安全和健康，每年须进行一次体检。

（2）为了保障检测员的安全，凡经检查有下列病情者，暂缓参加检测操作：①紧张高血压者；②紧张心脏病者；③紧张贫血者；④发高热者。

（3）执行检测工作期间，不得饮酒，以防发生危险。

（4）查验组长负责检测全过程的统一指挥，严格按查验规程进行。

（5）检测绝缘阻值之前，必须切断电源开关，经确认无电后再进行测试。

（6）测试导线电源，应正确使用电笔，当触到导线电源时，电笔不可与其他金属碰擦，以免发生触电事故。

（7）检测电气时应穿绝缘鞋。带电检测时，必须分清动力线路、控制线路的电压等级和量程，防止发生触电事故。

（8）查验电气控制屏中的接触器机械联锁和自动门的继电器机械联锁时，切断电源后再验电，以确认电源是否真正切断。

（9）在检测工作中，不允许穿短裤，裙子，脚尖、脚跟外露的凉鞋。

（10）在检测工作中，当需要驾驶员、起重工、维修人员配合时，一定要向他们交清任务，由组长发令，组员听令操作。

（11）当电梯曳引机在运转时，查验员必须要注意安全，不得将头伸入或碰擦，避免衣襟卷入绳槽内发生危险。

（12）当试验各类限速器用手操作时，切莫将手指轧入啮齿、弹簧间隙或杠杆内，同时也应防止限速器复位轧指事故。

（13）在进入轿厢顶时，一要看清，二要慢行，三要站稳。经龙门架翻跳时，注意轿厢顶上有没有油污、金属物等，以防滑倒或绊倒。

（14）电梯检测中，当轿厢离开层站时，应随手把层门关闭。如需层门开启检查时，必须先安排有人关照，以避免发生他人从层门坠落井道的事故。

（15）当电梯运行时，人在轿厢顶检测、察看、试验时必须做到：①手扶牢固处并站立在安全位置；②头、手、脚、身、衣服均不得超越轿厢顶的边框和触碰到动轮轴。严格防止导规架、感簧管、感应板、门护罩的剪切、割伤等事故。

（16）井道顶层高度不符合规范尺寸时，人立轿厢顶严格应防止人头撞顶，更应注意井道顶楼板下设置导向轮撞头的事故。

（17）试验层门电动机械联锁和电气联锁时人立在轿厢顶，以快车试验时，必须由上向下逐门试验，切不可由下向上，以防发生手背轧入的危险，试验时伸手动作应精确敏捷，以防超越失误而发生危险。

（18）步入底坑时，应注意底坑积水，并防止视线假象陷入水坑，看清底坑杂物、朝天露端钢筋和水泥壳板露出的朝天钉，防止发生刺伤事故。当底坑深度超过 1.4 m 时，不可直接从地面跳入底坑。

（19）在底坑检测时，应藏身或蹲在最安全的位置，并应严谨察看轿厢底框与拉杆端的压碰事故。

（20）载荷试验时，应严格注视所搬运重物，防止其下坠造成压伤。电梯超载试验时，压重物不能接纳满额纯一整件，以防步入轿厢发生下坠蹲底事故。

（21）电梯超载运行试验时，下行标的目的在轿厢内应做好蹲底准备，脚跟提起，脚尖触地，手扶厢壁，以防受反作用力震动受伤。

（22）电梯试验上、下极限越程开关时，轿厢顶和底坑下，均不得有人。

（23）当用盘车飞轮测电梯平衡系数时，须用对讲机联系，待电梯停稳后，方能盘车。当飞轮为可拆卸时，应待电梯停稳后，方能套上飞轮盘车。盘车竣事后，飞轮即刻卸下。当可拆卸盘车飞轮未拆下时，禁止启动电梯。

（十七）电梯调试工安全操作规程

（1）电梯调试工在工作前应先看清电梯安装文件，了解电梯种类、型号、规格参数、控制方式、拖动方式和层站数，看懂电气原理图、敷线图及有关技术文件，初步察看现场情况。

（2）调试前先穿戴好劳动防护用品，如工作服、绝缘鞋等，检查所要用的工具是否齐备，严禁雷雨、大风、大雨时作业。

（3）在各层门口及机房门外挂贴警示牌或警示标志，严禁无关人员进入。

（4）调试时要有一至两名助手配合，助手必须听从调试工指挥，不得擅自行动。

（5）调试时，严格按技术文件要求进行，不得违章作业。

（6）通电前，必须先检查电源的安装、接线、保险是否符合要求，检查电源的电压是否正常，引线规格是否符合电流的要求。

（7）检查电气线路是否有错接、漏接现象，机械部分是否安装完毕。检查地线、零线是否接好，标志是否清楚。

（8）通电后，检查各安全回路是否正常，各安全开关是否处于正常状态。

（9）如需切断电源，应首先切断开关，拔掉熔丝，并挂上"有人操作，不准合闸"的警告牌。严禁带负荷拉闸。

（10）在轿顶、底坑工作时，必须由助手在轿厢内配合把持电梯的上、下运行，助手必须听从指挥，禁止擅离岗位、找人替代。在步入轿顶、底坑工作前，必须先打开照明，看清急停开关的位置，并确认其处于正常工作状态。

（11）不准站在层门和轿门交叉处作业，必要时，只能短暂停留，并随时处于戒备状态。

（12）出现意外情况时，首先应切断电源，检查机械、电气各部分是否正常，查找意外原因，严禁电梯在非正常情况下调试。当出现意外时，应及时采取措施，通知有关人员。

第二章

电梯作业及检测工量器具使用规范

导读：电梯安装、维修、保养、检验检测都离不开工量器具的使用，熟悉并规范使用各种工量器具，对电梯安装、维修、保养、检验检测人员的人身安全，设备安全以及检验检测的结果准确性具有重要意义。

本章内容主要从图 2-1 所示几个方面展开叙述。

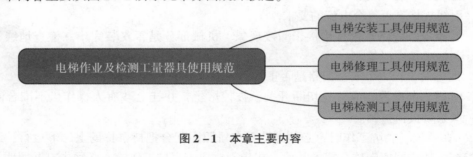

图 2-1　本章主要内容

第一节　电梯安装工具使用规范

一、起重岗位安全操作规范及工具使用规范

（1）起重工必须熟知起吊工具的性能、允许负荷和报废标准。

（2）工作前认真检查所使用的工具是否安全要靠。

（3）使用电葫芦、卷扬机、千斤顶、导链等起重工具时，应遵守相应的安全规定。

（4）吊物的楼角处要衬垫，挂钩吊位要正确。

（5）捆绑吊系选择合适的绳索，夹角一般不大于 100°，若大于 100°，应采取防止脱钩措施。

（6）起吊时由专人指挥，指挥信号应清楚、准确，手势明确。

（7）起吊大型重物时，须试吊（小于0.5 m）并确认可行后方可起吊。

（8）禁止跨越钢丝绳和停留在钢丝绳可能弹到的地方。

（9）起吊物件应合理设置扶绳。

（10）吊运物件应按规定地点放置，不准将重物放在动力管线及安全通道上。

（11）吊物悬空，起重人员不准离开现场。

（12）两台起重机吊同一物件时，应统一指挥，步调一致。

（13）六级以上大风或雷雨天气应停止露天作业。

（14）进入悬吊物件下方时，应先与司机联系，并设置支承装置，确认牢固后方可进入。

常用起重工具的使用规范如表2–1所示。

表2–1 常用起重工具的使用规范

序号	名称	图示	使用规范
1	手拉葫芦		1. 严禁斜拉超载使用。 2. 严禁用人力以外的其他动力操作。 3. 在使用前须确认机件完好无损，传动部分及起重链条润滑良好，空转情况正常。 4. 起吊前检查上下吊钩是否挂牢，起重链条应垂直悬挂，不得有错扭的链环，双行链的下吊钩架不得翻转。 5. 操作者应站在与手链轮同一平面内拽动手链条，使手链轮沿顺时针方向旋转，使重物上升；反向拽动手链条，重物即可缓缓下降。 6. 在起吊重物时，严禁人员在重物下做任何工作或行走，以免发生重大事故。 7. 在起吊过程中，无论重物上升或下降，拽动手链条时，用力应均匀和缓，不要用力过猛，以免手链条跳动或卡环。 8. 操作者如发现手拉力大于正常拉力时，应立即停止使用。防止破坏其内部其结构，从而发生坠物事故。 9. 待重物安全稳固着陆后，再取下手拉葫芦下钩。 10. 使用完毕后，轻拿轻放，涂抹润滑油存放于干燥通风处
2	起重滑轮		1. 起重内轮直径与钢丝绳直径应匹配，满足$D=(e-1)d$。 其中，D为内轮的名义直径，d为钢丝绳直径，e为系数，桥式起重机一般e取$20\sim30$。 2. 起重滑轮转动灵活，无缺损。 3. 防止钢丝绳跳出轮槽的保护装置等应安装牢靠，无损坏或明显变形。 4. 滑轮出现下列情况之一时应予报废： （1）裂缝； （2）轮槽不均匀磨损达3 mm； （3）轮壁磨损达原壁厚的20%； （4）因磨损使轮槽底部直径减小量达钢丝绳直径的50%； （5）其他损害钢丝绳的缺陷

序号	名称	图示	使用规范
3	千斤顶		1. 使用前应检查各部分是否完好，油液是否干净；油压式千斤顶的安全栓是否完好；螺旋、齿条式千斤顶的螺纹、齿条的磨损量达20%时，严禁使用。 2. 千斤顶应设置在平整、坚实处，并用垫木垫平。 3. 千斤顶必须与荷重面垂直，其顶部与重物的接触面间应加防滑垫层。 4. 千斤顶严禁超载使用，不得加长手柄，不得超过规定人数操作。 5. 使用油压式千斤顶时，任何人不得站在安全栓的前面。 6. 在顶升的过程中，应随着重物的上升在重物下应加设保险垫层，到达顶升高度后应及时将重物垫牢。 7. 用两台及两台以上的千斤顶同时顶升一个物体时，千斤顶的总起重能力应不小于荷重的两倍。顶升时应由专人统一指挥，确保各千斤顶的顶升速度及受力基本一致

二、电动工具使用规范

（1）移动式电动工具和手持式电动工具的单相电源线必须使用三芯软橡胶电缆。接线时，缆线护套应穿进设备的接线盒内并予以固定。

（2）电动工具使用前应检查下列事项：

①外壳、手柄是否有裂缝和破损，电源线、电源插头是否完好无损。

②电气保护装置及机械防护装置是否完好，保护线连接是否正确、牢固可靠。

③转动部分是否转动灵活，电源开关动作是否正常、灵活、有无缺陷。

④连接电动工具的电气回路应单独设开关或插座，并装设漏电保护器，漏电保护器应确保动作有效，严禁一闸接多台设备。

（3）电动工具的操作开关应置于操作人员伸手可及的位置，当突然停电时应及时切断电源侧开关。

常用电动工具的使用规范如表2-2所示。

表2-2　常用电动工具的使用规范

序号	名称	图示	使用规范
1	冲击钻		1. 使用前应检查外壳、手柄有无破损，线路绝缘是否良好，钻头是否安装正确、牢固可靠。 2. 钻孔前根据被钻材料调节工作头，调节手柄上有两挡，一挡钻轴工作为只旋转无冲击；另一挡钻轴工作为既旋转又冲击。 3. 使用前应空转，检查转动是否良好。 4. 钻孔时应先将钻头抵在工作面上再开动，用力适度，避免晃动。 5. 钻砖等脆性材料时，选用镶有YG8硬质合金的麻花钻头，且钻轴调节在既旋转又冲击的位置上。 6. 钻头应锋利，用力不能过猛，冲击钻孔时其推进力以196～294 N为宜。转速若急剧下降，应减少用力

续表

序号	名称	图示	使用规范
1	冲击钻		7. 严禁用木杠加压使用和长时间连续使用。 8. 钻孔时应注意避开混凝土中的钢筋。 9. 作业人员长发不得外露。 10. 使用过程中应注意电刷的磨损情况，电刷磨损到只剩 6 mm 时（约累计运行 50 h），请及时更换电刷，以免损坏电动机。 11. 使用 3～4 月后，应进行一次清洗，在工作头和轴承内加入适量二号工业锂基润滑脂。 12. 若钻孔过程中出现不正常声响，火花过大，温升过高或有异味时，应立即停止使用，待查明原因并检修后，才能继续使用
2	手电钻		1. 工作前应检查电钻的手提把和电源导线，保持绝缘良好，操作时应戴绝缘手套。 2. 操作中如发现漏电现象，电动机发热程度超过规定，转动速度突然变慢或有异声时，应立即停用，交给电工检修。 3. 钻头必须拧紧，开始时应轻轻加压，以防断钻。 4. 用木棒压电钻进行工作时，木棒须与电钻垂直，压力不可太大，以防断钻，容量小的电钻不准用木棒加压使用。 5. 向上钻孔时，只许用手顶托钻把。 6. 先对准孔后再开动电钻，禁止在转动中手扶钻杆对孔。 7. 钻薄板时须垫木板，钻圆轴类工件时，下面应垫三角铁，以防移动，如用大钻头钻厚铁板时必须固定铁板，防止工件旋转伤人
3	角向磨光机		1. 作业前检查：外壳、手柄不出现裂缝、破损；电缆软线及插头等完好无损，开关动作正常，保护接零连接正确、牢固可靠；各部防护罩齐全牢固，电气保护装置正常。 2. 机具起动后，应空载运转，检查并确认机具联动灵活无阻。作业时，加力应平稳，不得用力过猛。 3. 使用砂轮的机具，应检查砂轮与接盘间的软垫安装稳固，螺帽不得过紧，凡存在受潮、变形、裂缝、破碎、磕边缺口或接触过油、碱类的砂轮均不得使用，并不得将受潮的砂轮片自行烘干使用。 4. 砂轮应选用增强纤维树脂型，其安全线速度不得小于 80 m/s。配用的电缆与插头应具有加强绝缘性能，并不得任意更换。 5. 磨削作业时，应使砂轮与工作面保持 15°～30° 的倾斜角度；切削作业时，砂轮不得倾斜，并不得横向摆动。 6. 严禁超载使用。作业中应注意声响及温升，发现异常应立即停机检查。在作业时间过长，机具温升超过 60 ℃ 时，应停机，待自然冷却后再行作业。 7. 作业中，不得用手触摸刃具、模具和砂轮，发现其有磨钝、破损情况时，应立即停机修整或更换。 8. 机具转动时，须有人监管

序号	名称	图示	使用规范
4	小型台钻		1. 工作前安全防护准备： （1）按规定加注润滑脂，检查手柄位置，进行保护性运转。 （2）检查穿戴、扎紧袖口。女同学和长发男同学必须戴工作帽。 （3）严禁戴手套操作，以免被钻床旋转部分铰住，造成事故。 2. 装卸钻头： 安装钻头前，需仔细检查钻套，钻套标准化锥面部分不能有碰伤凸起；如有，应用油石修好、擦净才可使用。拆卸时必须使用标准斜铁。装卸钻头要用夹头扳手，不得用敲击的方法装卸钻头 3. 台钻使用： （1）未经车间管理人员许可，不得擅自开动台钻。钻孔时不可用手直接拉切屑，也不能用纱头或嘴吹清除切屑，头部不能与钻床旋转部分靠得太近，机床未停稳，不得转动变速盘变速，严禁用手把握未停稳的钻头或钻夹头，操作时只允许一人。 （2）钻孔时工件装夹应稳固，特别是在钻薄板零件、小工件、扩孔或钻大孔时，装夹更要牢固，严禁用手把持工件进行加工。孔即将钻穿时，要减小压力与进给速度。 （3）钻孔时严禁在开车状态下装卸工件，利用机用平口钳夹持工件钻孔时，要扶稳平口钳，防止其掉落砸脚，钻小孔时，压力相应要小，以防钻头折断飞出伤人。 （4）清除铁屑要用毛刷等工具，不得用手直接清理。工作结束后，要对机床进行日常保养，切断电源，做好场地卫生
5	电焊机		1. 按外部接线图正确接线，并注意网路电压与焊机铭牌电压相符，电源要连接地线。 2. 必须经常检查电缆绝缘情况，如有损坏须立即停止使用，并加强绝缘或调换电缆。焊接过程中焊丝及机头带（电弧电压）必须按安全操作规程戴、用防护用具。 3. 多芯电缆须注意接头不能松动，避免因接触不良而影响焊接动作，并注意此电缆不能经常重复扭曲，以免内部导线折断。 4. 按时检查控制路线与各电气元件，如有损坏或继电器触点有烧毛等，必须加以清理或更换。每使用半年至一年，须清理送丝电动机端盖内的炭刷灰一次，以免积灰过多损坏绝缘。 5. 定期检查和更换焊车与送丝机构减速箱内的润滑油脂，定期检查焊丝输送滚轮与进给轮，如有磨损，须按易损件更换。 6. 经常检查导电嘴（焊丝通过导接的地方）与焊丝接触情况，如磨损太多接触不良时，应更换。 7. 在网路电压波动大而频繁的场合，须考虑用专线供电，以确保焊缝质量。 8. 焊机机头电源等不能受雨水或腐蚀性气体的侵蚀，也不能在温度很高的环境中使用，以免电气元件受潮引起变质或损坏，从而影响运行性能

第二节　电梯维修工具使用规范

一、常用测量工具使用规范

电梯常用的测量工具有万用表、绝缘摇表、钳形电流表、校导尺、水平尺、钢直尺、卷尺、塞尺、多功能间隙尺、游标卡尺等，使用规范如表 2 - 3 所示。

表 2 - 3　电梯常用测量工具的使用规范

序号	名称	图示	使用规范
1	万用表		1. 使用前，应认真阅读使用说明书，熟悉电源开关、量程开关、插孔、特殊插口的作用。 2. 将电源开关置于"ON"位置。 3. 交直流电压的测量：根据需要将量程开关拨至"DCV"（直流）或"ACV"（交流）的合适量程，红表笔插入"V/Ω"孔，黑表笔插入"COM"孔，并将表笔与被测线路并联，读数即显示。 4. 交直流电流的测量：将量程开关拨至"DCA"（直流）或"ACA"（交流）的合适量程，红表笔插入"mA"孔（小于 200 mA 时）或"10 A"孔（大于 200 mA 时），黑表笔插入"COM"孔，并将万用表串联在被测电路中即可。测量直流量时，数字万用表能自动显示极性。 5. 电阻的测量：将量程开关拨至"Ω"的合适量程，红表笔插入"V/Ω"孔，黑表笔插入"COM"孔。如果被测电阻值超出所选择量程的最大值，万用表将显示"1"，这时应选择更高的量程。测量电阻时，红表笔为正极，黑表笔为负极，这与指针式万用表正好相反。因此，测量晶体管、电解电容器等有极性的元器件时，必须注意表笔的极性。此外，在"200"挡时单位是"Ω"，在"2K"到"200K"挡时单位为"kΩ"，"2M"以上的单位是"MΩ"。 6. 保持：要捕获和保持当前读数，可在读取读数时按"HOLD"按钮，再按一次"HOLD"按钮则返回实时读数
2	绝缘摇表		1. 选用摇表电压等级时应注意，对额定电压在 500 V 以上的设备、电动机绕组和电力变压器绕组等应选用1000～2500 V 的摇表；测500 V 以下低压电气设备的绝缘电阻，用额定电压 500 V 的摇表。 2. 为了防止发生人身和设备损伤以及得到精确的测量结果，在测量前必须切断电源，并将被测设备充分放电。 3. 仪表的接线柱与被测设备间连接的导线，不能用双股绝缘线和绞线，应用单股线分开单独连接，以免因绞线绝缘不良而引起误差。 4. 被测对象的表面应清洁、干燥，以减小误差。 5. 测量前先将摇表进行一次开路和短路试验，检查摇表是否良好。试验时先将两连接线开路，摇动手柄，指针应指在"∞"位置，然后将两连接线短接一下，轻轻摇动手柄，指针应指"0"，否则说明摇表有故障，需要检修。 6. 测量时，应把摇表放平稳。"L"端接被测物，"E"端接地，摇动手柄的速度应由慢逐渐加快，并保持速度在 120 r/min 左右。如果被测设备短路，指针摆到"0"点应立即停止摇动手柄，以免烧坏仪表。

序号	名称	图示	使用规范
2	绝缘摇表		7. 测量人员测量时应注意身体不能触及"L""E"端子或被测物，防止检测中触电。 8. 测量大电容的电气设备绝缘电阻时，在测定绝缘电阻后，应先将与"L"端子相连的电线断开，再降速松开摇表手柄，以免被测设备向摇表倒充电而损坏仪表。测量结束后，应将被测设备充分放电。 9. 禁止在有雷电或邻近有高压设备时使用摇表，以免发生危险
3	钳形电流表		1. 打开电源，根据被测试线路的交/直流特性，利用交/直流切换键设定交/直流功能。设定交流时，即使输入电流为零，也有显示器中最后一位为1的现象，但对测试精度并没有影响。 2. 根据预测电流量，用量程切换键选定测试量程"20/200 A"。 3. 测试直流电流时，须利用调零旋钮进行调零。 4. 利用开闭柄打开钳形CT，完全夹住线路的一根电线。 5. 读取显示之测试值（溢出时，最高位［1］点灭），不易读取的场所，请利用数据保持功能。若［DH］标志处于点亮状态时，必须先解除数据保持状态，然后再行测试
4	校导尺		根据电梯施工工艺（如有脚手架安装和无脚手架安装两种类型），不同的校导尺，厂家有不同的安装方式，具体操作规程见厂家的使用说明书
5	水平尺		水平尺分度值的说明，如分度值0.03 mm/m，即表示气泡移动一格时，被测量长度为1 m的两端上，高低相差0.03 mm。再如，用200 mm长，分度值为0.05 mm/m的水平仪，测量400 mm长的平面的水平度。先把水平仪放在平面的左侧，此时若气泡向右移动两格，再把水平仪放在平面的右侧，此时若气泡向左移动三格，则说明这个平面是中间高两侧低的凸平面。中间高出多少毫米呢？从左侧看中间比左端高两格，即在被测量长度为1 m时，中间高2×0.05 mm $= 0.10$ mm，现实际测量长度为200 mm，是1 m的1/5，所以，实际上中间比左端高$0.10 \times 1/5$ mm $= 0.02$ mm。从右侧看中间比右端高三格，即在被测量长度为1 m时，中间高3×0.05 mm $= 0.15$ mm，现实际测量长度为200 mm，是1 m的1/5，所以，实际上中间比右端高$0.15 \times 1/5$ mm $= 0.03$ mm。由此可知，中间比左端高0.02 mm，中间比右端高0.03 mm，则中间比两端高出的数值为 $(0.02 + 0.03) \div 2$ mm $= 0.025$ mm
6	钢直尺		1. 将钢直尺直立帽顶正上方，使零刻度与被测尺寸起点重合并贴紧测量工件。 2. 钢直尺用于测量零件的长度尺寸，根据要求使用合适量程的钢直尺。 3. 为求精确测量结果，按规范要求决定测量次数。 4. 相同的钢直尺在温差较大的环境下会产生长度变化，影响测量结果。 5. 使用后，应将钢直尺擦拭干净，平放桌面上，以备用

序号	名称	图示	使用规范
7	卷尺	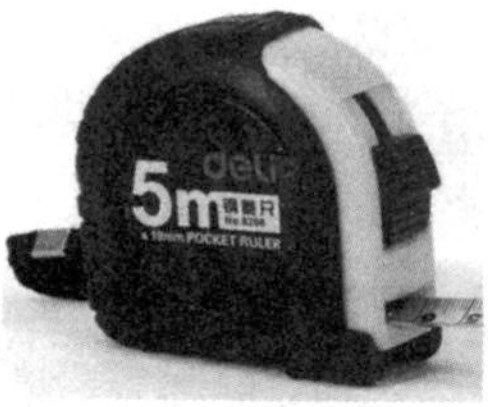	1. 检查卷尺顶端是否为零起点。 2. 按住卷尺卡头（若无卡头的则不必操作此步骤），将卷尺的测量头拉开一段距离。 3. 检查有无卡死现象，卷尺收缩是否正常。 4. 按住卷尺卡头（若无卡头的则不必操作此步骤），将卷尺的测量头拉开至待测工件处。 5. 将卷尺的测量前端紧贴被测工件。 6. 读取卷尺上的线所指示的数值
8	塞尺		1. 先根据标准选择等于该标准的塞片或叠加塞片。 2. 用选择好的塞片或叠加塞片去测量对象组合的间隙或断差。 3. 测量间隙时，若塞片能自由轻松塞入，则该间隙超标；若塞片塞入困难或不能塞进，则间隙小于标准值。 4. 测量断差，塞片放进断层时，用手指轻摸塞片与断层上层表面的梯度，若塞片高于上表面则断差小于标准值；若塞片低于上表面则断差大于标准值
9	多功能间隙尺		多功能间隙尺主要是用来检测间隙大小的，使用时就是将所要规格的塞尺塞进要检测的间隙，能够塞进去就再选大一点的规格，到刚好塞不进的规格就是检测的结果
10	游标卡尺		1. 确定游标卡尺精度的方法：首先看副尺的所标长度，然后用 1 mm 除以这个读数。如果副尺刻度共 50 mm，则精度为 1 mm/50 mm = 0.02。 2. 测量完毕，实测值为主尺刻度 =（主尺刻度与副尺零线重合点）+ 精度×副尺读数（副尺刻度与主尺刻度重合线）

二、常用电工工具使用规范

（一）活动扳手使用规范

活动扳手如图 2-2 所示，其使用规范如下：

（1）应按螺栓或管件大小选用适当的活动扳手。

（2）使用活动扳手时应先将活动扳手调整合适，使活动扳手钳口与螺栓、螺母两对边完全贴紧，不存在间隙，防止打滑损坏管件或螺栓，或造成人员受伤。

（3）不应套加力管使用，不准把扳手当榔头、锤子、撬棍等使用。

（4）使用扳手要用力顺扳，不可反扳，以免损坏扳手。

（5）扳手用力方向 1 m 内不准站人。

（6）扳手的活动部分应保持干净，用后擦洗。

（7）使用扳手时，严禁带电操作。

（8）工具选用以套筒优先，其次为梅花扳手、开口扳手，活动扳手应尽量避免使用。

（9）用机油擦拭扳手，放于原收纳处收好。

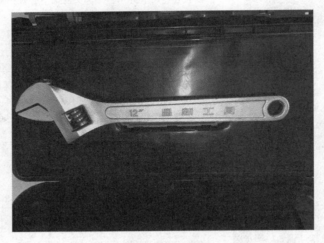

图 2 - 2　活动扳手

（二）开口扳手使用规范

开口扳手如图 2 - 3 所示，用来拆装一般标准规格的螺栓或螺母，使用时可以上、下套入或直接插入，使用方便，适用范围在 6 ~ 24 mm。按其结构形式可分为双头扳手和单头扳手两种；按其开口角度又可分为 15°、45°、90°，常用的有 5 件套和 8 件套两种。其使用规范如下：

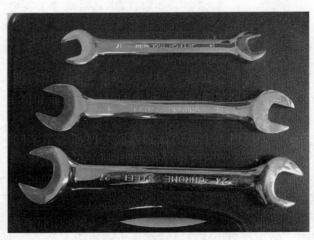

图 2 - 3　开口扳手

（1）选用各种扳手时，扳口的大小必须符合螺母或螺栓头的尺寸，如扳口松动，则易滑脱，从而损坏扳手或螺母、螺栓头的棱角，甚至会碰伤人。

（2）使用开口扳手时，为使扳手不致损坏和滑脱，应使受力大的部位靠近扳口较厚的一边。

（3）使用扳手时，要想得到最大的扭力，拉力的方向一定要和扳手成直角。

（4）使用扳手时，最好的效果是拉动。倘若必须推动时，也只能用手掌来推，并且手指要伸开，以防螺母或螺栓突然松动碰伤手指。

（5）不能采用两个扳手对接或用套筒等套接的方式来加长扳手，以免损坏扳手或发生事故。

（三）梅花扳手使用规范

梅花扳手如图 2－4 所示，其使用规范如下：

（1）不要使用损坏或带有裂纹的梅花扳手，以免受伤。

（2）六边形的梅花扳手比十二边形的梅花扳手更具有防滑性。

（3）梅花扳手的选用要与螺栓或螺母的尺寸相适应。

（4）将螺栓或螺母套牢固后才能扳动用力，否则会损坏螺栓或螺母。

（5）不能用管子套在扳手上以增加扳手的长度，这样会损坏扳手或螺栓和螺母。

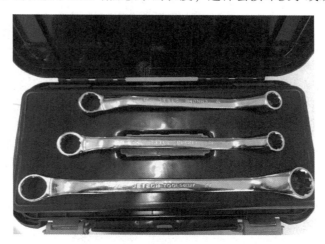

图 2－4 梅花扳手

（四）内六角扳手使用规范

内六角扳手如图 2－5 所示，其使用规范如下：

（1）不能将公制内六角扳手用于英制螺钉，也不能将英制内六角扳手用于公制螺钉，以免造成打滑而伤及使用者。

（2）不能在内六角扳手的尾端加接套管延长力臂，以防损坏内六角扳手。

（3）不能用锤敲击内六角扳手，在冲击主载荷下，内六角扳手极易损坏。

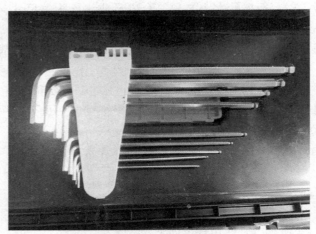

图 2 – 5　内六角扳手

（五）手动螺丝刀使用规范

手动螺丝刀如图 2 – 6 所示，它拥有特殊形状的端头，可对准螺丝顶部的凹坑固定，然后旋转手柄即可拆装螺丝。根据相关规格标准，顺时针方向旋转为嵌紧；逆时针方向旋转则为松出（极少数情况下则相反）。一字螺丝批可以应用于十字螺丝，十字螺丝批不能用于一字螺丝，但十字螺丝拥有较强的抗变形能力。

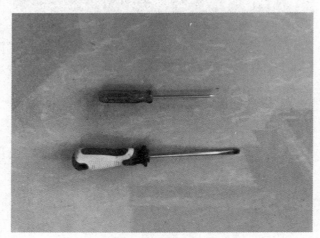

图 2 – 6　手动螺丝刀

（六）锤子使用规范

锤子如图 2 – 7 所示，其使用规范如下：

（1）锤头与把柄连接必须牢固，凡是锤头与锤柄松动、锤柄有劈裂和裂纹的绝对不能使用。锤头与锤柄在安装孔的加楔，以金属楔为最佳，楔子的长度不要大于安装孔深的 2/3。

（2）为了在击打时有一定的弹性，把柄的中间靠顶部的地方要比末端稍狭窄。

（3）当使用大锤时，必须注意在大锤运动范围内严禁站人，不许用大锤与小锤互打。

（4）锤头不准淬火，不准有裂纹和毛刺，发现飞边、卷刺应及时修整。

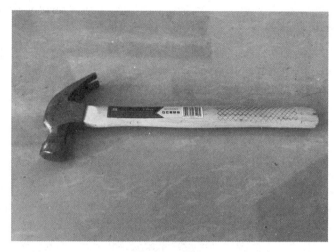

图2-7　锤子

（七）　三角钥匙使用规范

三角钥匙如图2-8所示，其使用规范如下：

（1）打开厅门前应先确认轿厢位置，防止轿厢不在本层，造成踏空坠落事故。

（2）打开厅门口的照明，清除各种杂物，并注意周围不得有其他无关人员。

（3）把三角钥匙插入开锁孔，确认开锁的方向。

（4）操作人员应站好，保持重心，然后按开锁方向，缓慢开锁。

（5）门打开后，先把厅门推开一条100 mm宽的缝，取下三角钥匙，观察井道内情况，特别注意此时门不能一下开得太大。

（6）操作人员在作业中或完成作业后离开厅门时应确认厅门已锁闭。

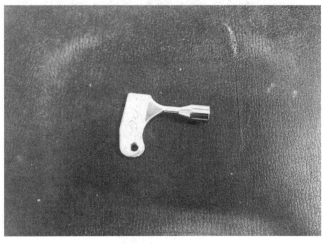

图2-8　三角钥匙

(八) 尖嘴钳使用规范

尖嘴钳如图2-9所示，其钳柄上套有额定电压500 V的绝缘套管，是一种常用的钳形工具。主要用来剪切线径较细的单股与多股线，以及给单股导线接头弯圈、剥塑料绝缘层等，能在较狭小的工作空间操作，不带刃口者只能完成夹捏工作，带刃口者能剪切细小零件，它是电工进行内线器材等装配及维修工作最常用的工具之一。使用时应注意刃口不要对向自己，使用完放回原处，放置在儿童不易接触的地方，以免发生意外。

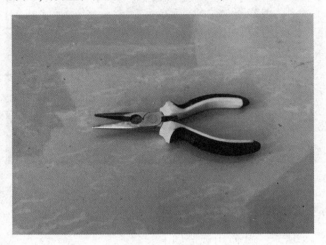

图2-9　尖嘴钳

(九) 斜嘴钳使用规范

斜嘴钳如图2-10所示，它主要用于切断金属丝，也可让使用者在特定环境下获得舒适的抓握、剪切角度。斜嘴钳广泛用于首饰加工、电子行业制造、模型制作以及垂钓中。其使用规范如下：

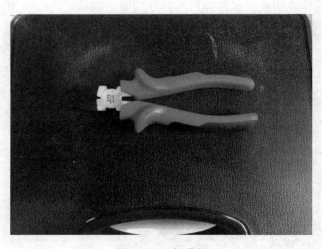

图2-10　斜嘴钳

（1）禁止普通斜嘴钳带电作业。

（2）剪切紧绷的钢丝或金属时，必须做好防护措施，防止被剪断的钢丝或金属弹伤。

（3）不能将斜嘴钳作为敲击工具使用。

（十）线坠使用规范

线坠如图2－11所示，其使用规范如下：

（1）保持磁力线坠清洁度，不得沾有腐蚀性物质。

（2）不得用力乱拉乱扯铅锤。

（3）不得用铅锤去敲击其他物体。

图2－11　线坠

第三节　电梯检测工具使用规范

一、电梯综合性能测试仪

电梯综合性能测试仪是检测电梯综合性能的装置，该设备的开发利用大大缩减了检测劳动量，同时做到检得出、检得快、检得准，检测数据更加科学化，可信度更高，电梯综合性能测试仪功能如图2－12所示。

使用注意事项如下：

（1）仪器负责人及使用人员必须保证按照说明书来操作仪器。

（2）此设备属于二类激光产品，直视光束是危险的，观察漫反射一般是安全的。若不小心直视可通过眨眼来消除激光束给眼睛带来的不适。

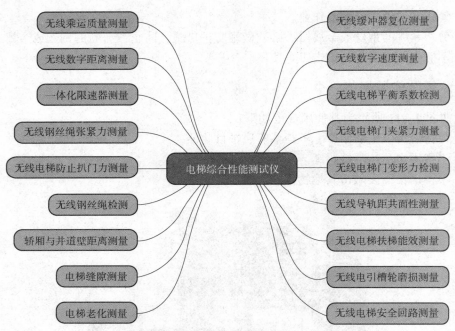

图 2 – 12　电梯综合性能测试仪功能

（3）要像保护眼镜和相机一样保护仪器的光学部分。

（4）白天在室外测量时，目标最好处在阴影中；晚上、黄昏或目标在阴影中进行测量时会使测距量程增加；如测量对象具有粗糙的绿色或蓝色表面会使测距量程缩短。在测量环境中有耀眼的强光时，可能会产生错误的测量结果，因此应避免在测量环境中产生强光。

（5）在测量过程中，光源不可以被其他物体干扰、碰撞或被其他光束遮挡，若测量进行中检测仪的位置发生改变，则此次测量结果无效。

（6）当测量环境振动比较大时，可能会产生错误的测量结果，因此要避免在测量环境中产生较大的振动。

（7）在使用故障、被碰撞过、被误用过或是被改造过的仪器时，可能会产生错误的测量结果，因此应定期检测仪器，并注意检测仪光学镜片的清洁、机体的完整性。

（8）当仪器光源长时间不工作时，应将电池取出，以免造成机内腐蚀。

（9）检测仪变动位置时要先将仪器关闭，以免拿起后伤害自己及其他人的眼睛。此外，还须防止意外的镜反射。

（10）光学镜头禁止碰、划、触摸及其他污染，如在使用过程中不慎将灰尘和指纹粘在镜头上，可用吹风球或镜头纸除去。正确取放器件并将器件保存在专用容器中，将最大限度地减少清洁次数和器件被损坏的可能。

（11）仪器应置于通风干燥处，并注意防潮。仪器若长期不用（一个月以上），则每月应至少通风一次。

（12）贮存的环境应避免有腐蚀性的介质。冬天将仪器从室外取入室内时，应放置一段时间再开箱，以免机内结露，造成电气线路短路和滤光片寿命缩短。

（13）操作人员在测量过程中，身体的各部分应尽量避免碰到仪器以及各连接线。

（14）请确认在电源关闭的状态下进行接线。

（15）请勿与高压线或者电源线一起或在同一电线管内运行线路，传输信号时请用专用屏蔽电缆，避免干扰。

（16）电源接通后的短时间内（50 ms）请勿使用。

（17）如果在该产品附近使用产生电磁干扰的设备（如开关调节器、高频器、转换发动机等），在做好设备的机架接地端子稳妥接地同时，也要做好传感器信号传输的屏蔽工作。

二、无线承运质量测量装置

（一）检测对象

无线承运质量测量装置是针对影响电梯乘运质量的振动和噪音等因素的测量而设计研发的。测量主机上配备了双色 OLED 显示屏，实时显示三轴加速度、噪音数据，无须额外显示终端即可独立完成显示工作；手持终端和采集器无线连接，操作简洁；能自动判断测量的开始与结束；测试软件上实时动态显示速度、加速度曲线和处理结果，提升测试效率；电梯振动频谱分析与图示，分析电梯振动源，解决振动问题。此设备是电梯生产厂家、电梯安装维护保养单位、特种设备检验检测机构等相关行业对电梯乘运质量检测的必备仪器。

（二）测量数据

无线承运质量测量装置可测量电梯运行期间 X 轴最大加速度、Y 轴最大加速度、Z 轴最大加速度、Z 轴最大速度、Z 轴最大位移、最大噪声等。

（三）装置构成

无线承运质量测量装置构成如图 2 – 13 所示。

1—显示屏幕；2—噪声传感器；3—充电口；4—电源开关；5—天线。

图 2 – 13　无线乘运质量测量装置构成

（四）测前准备

移除轿厢地板上铺设的地毯类柔软物质，并确定轿厢底面是否平整，以免造成仪器晃动而影响测量，关闭轿厢风扇、空调和各类声讯报警。

（五）注意事项

（1）存在与电梯或建筑物的机器设备正常运行无关的声源时不宜进行声音测量。

（2）轿厢风扇或空调宜关闭，声讯报警、到站钟和广播也宜关闭。如有任何一种设备或功能不能关闭，则应在结果报告中说明。

（3）建筑物的所有机器设备，包括临近的电梯，都应处于正常运行状态。

（4）振动测量传感器应放置在轿厢地板中心半径为 100 mm 的圆形范围内，声音测量传感器的位置应在轿厢地板该区域的上方（1.5±0.1）m 处，且应沿 X 轴直接对着轿厢主门。

（5）仪器应放置在正常使用的地板表面。如地板表面未达到正常使用状态，测量时也不应增加其他覆盖物。仪器支脚应该施加给地板一个不小于 60 kPa 的压强，该压强应近似于人脚产生的压强。在整个测量过程中仪器应与地板始终保持稳定接触。

（6）在轿厢内不应超过两人。如测量时轿厢内超过两人，则其站立位置不应导致轿厢明显不平衡。在测量过程中，每个人均应保持静止和安静。为避免因轿底和地板表面的局部变形而影响测量，人员不应将脚放在距振动传感器 150 mm 范围内；为避免被测声音声级的改变，人员不应站在距声音测量传感器 300 mm 范围内，也不应站在声音传感器和轿门之间。

（六）使用方法

（1）将测量仪器按（五）注意事项中第 5 点要求的方式和位置放置在轿厢地面上。

（2）安装天线，连接数据线，并打开数据采集模块电源、PAD 电源。

（3）按下仪器"电源开关"按钮时，"电源开关"的蓝色指示灯亮起。

（4）仪器屏幕上显示当前 X、Y、Z 轴加速度及噪声信息。

（5）双击桌面快捷方式图标，进入测量主界面。

（6）填入设备编号、检测单位、送检单位、计量证书、检验人员等信息，或者单击输入框后面的图标，在弹出列表框中进行点选，每次测量后信息会自动保存，方便下次调取。

（7）单击"下一步"按钮，进入主界面。

（8）单击"电梯乘运质量轨距及共面性测试仪"按钮，进入测试界面。

（9）单击右上角"雷达"按钮，进行设备连接，设备连接成功后指示灯变为蓝色。

（10）将电梯运行至底层，在电梯完全停稳后，单击"开始"按钮，使电梯运行一个周期，待电梯完全停稳后，单击"停止"按钮后再单击"计算"按钮，自动计算出测试数据。

（11）单击"Z 轴加速度曲线"按钮，查看 Z 轴加速度曲线。

（12）单击"Z 轴速度曲线"，查看 Z 轴速度曲线

（13）单击"Z 轴位移曲线"，查看 Z 轴位移曲线。

（14）单击"保存"按钮进行数据保存，保存成功后弹出对话框。

（15）单击"查看"按钮，进入历史数据查看界面。

（16）单击右上角"雷达"按钮，进行打印机连接，选择需要打印的数据，单击"打印"按钮，打印测量数据。

（17）单击"删除"按钮对数据进行删除处理；单击"导出 word"按钮，可导出检测报告。

（18）单击"退出"按钮，退出到主界面。

三、无线缓冲器复位测量装置

（一）检测对象

缓冲器一般分为蓄能型缓冲器和耗能型缓冲器，耗能型缓冲器如图 2 – 14 所示。

图 2 – 14　耗能型缓冲器

（二）设计原理

无线缓冲器复位测量装置通过高性能微电脑芯片搭配高精度位移传感器，实时采集缓冲器作用时的位移及速度信号，配以专用测量软件，分析缓冲器复位过程中的各项参数。

（三）测量数据

无线缓冲器复位测量装置可测量耗能型缓冲器的压缩行程、复位行程、复位偏差、复位时间等 4 项数据。

（四）装置构成

无线缓冲器复位测量装置构成如图 2 – 15 所示。

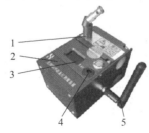

1—拉线传感器；2—测试主机；3—显示屏；4—充电口及电源按钮；5—天线。
图 2 – 15　无线缓冲器复位测量装置构成

（五）测前准备

（1）确定完全压缩缓冲器所需的质量。

（2）确定缓冲器已按正确方式安装和固定。

（3）如需在轿厢坑底检测，在安装测量装置前，请先将电梯轿厢运行到安全位置，坑底空间应至少可让检测人员方便操作为宜，同时电梯置于检修状态。

（4）建议由两人共同完成检测工作，一人负责安装、移动检测仪器，另一人负责操纵电梯移动并使用设备记录检测数据。

（六）注意事项

（1）根据相关规范要求应借助重块对耗能型缓冲器进行撞击试验。重块的质量应分别等于最小和最大质量。最小质量为 Cr/4，最大质量为 Cr/2.5（Cr：完全压缩缓冲器所需要的质量，kg）。

（2）重块应在摩擦力尽可能小的情况下，垂直地导引重块。

（3）重块应尽可能放在靠近缓冲器的轴线上。

（4）检测环境温度应为 15～25 ℃。

（5）测量时，检测人员应与缓冲器保持安全距离，如测量安装在轿厢坑底的缓冲器请检测人员务必离开坑底，以免受伤。

（6）在进行两次测试后，缓冲器的任何部件不得有影响正常工作的损坏。

（7）测试之间的间隔为 5～30 min，以便使耗能型缓冲器内的液体返回油缸并让气泡逸出。

（七）使用方法

（1）将装置通过底面和侧面磁铁吸附在缓冲器底部，提装置的拉线将其卡在缓冲器顶端。

（2）安装天线，并打开模块电源、PAD 电源。

（3）按下仪器"电源开关"按钮，此时"电源开关"的蓝色指示灯亮起。

（4）仪器屏幕上显示当前传感器位置信息。

（5）双击桌面快捷方式图标，进入测量主界面。

（6）填入设备编号、检测单位、送检单位、计量证书、检验人员等信息，或者单击输入框后面的图标，在弹出列表框中进行点选，每次测量后信息会自动保存，方便下次调取。

（7）单击"下一步"按钮，进入主界面。

（8）单击"轨距及共面性测试仪"按钮，进入测试界面。

（9）单击右上角"雷达"按钮，进行设备连接，设备连接成功后变为蓝色。

（10）将装置固定好，单击"开始"按钮，屏幕上数值归零，然后释放重物，让重物以自由落体状态垂直撞向缓冲器顶面使缓冲器活塞发生位移并逐渐复位。

（11）缓冲器 5 s 内行程没有变化，弹出测试完成对话框，测试完成。

（12）单击"保存"按钮进行数据保存，保存成功后弹出对话框。

（13）单击"查看"按钮，进入历史数据查看界面。

（14）单击右上角"雷达"按钮，进行打印机连接，选择需要打印的数据，单击"打印"按钮，打印测量数据。

（15）单击"删除"按钮对数据进行删除处理；单击"导出 word"按钮，可导出检测报告。

（16）单击"退出"按钮，退出到主界面。

四、一体化限速器测量装置

（一）检测对象

一体化限定器测量装置可对各类电梯限速器进行速度检测，其中包括电气开关动作速度、机械动作速度。

（二）装置构成

一体化限速器测量装置由霍尔传感器、蓝牙打印机、测量主机（液晶屏、驱动电动机）、电气信号线和编码器等组成，如图 2-16 所示。

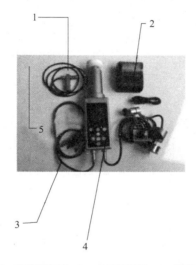

1—霍尔传感器；2—蓝牙打印机；3—电气信号线；4—测量主机；5—编码器。

图 2-16　一体化限速器测量装置

（三）使用方法

（1）进行限速器动作速度测量前，务必使电梯处于停止状态并关闭电梯系统电源。

（2）卸下限速器轮盘上的钢丝绳使轮盘可以自由转动。打开电气开关保护盖，拆下电气开关连接线，将信号线的夹子夹在电气开关接线端子上（任意一红一黑使用）。

（3）将霍尔传感器吸附于限速器外壳上，磁钢吸附于限速器轮盘侧面。调节霍尔传感器与磁钢的相对位置，使磁钢经过传感器时可以产生有效信号（霍尔传感器的灯亮为有效），如霍尔传感器的灯不亮，一种原因可能是磁钢装反了，因为霍尔传感器只能检测磁钢的 N 极，如果启动测量后，磁钢经过传感器仪器没有反应，请将磁钢调换极性，重新起动测量；另一种原因就是距离过远，传感器与磁钢的最佳距离为 3~7 mm。

（4）连接测速接口、电气接口。测量主机下部有测速接口、电气接口及数据传输口，接口为航空插头，针数不同，连接时注意插口内部方向，切勿接错。

（5）用鳄鱼夹夹到限速器的电气开关上（任意一红一黑使用），如图 2-17 所示。

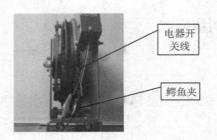

图 2 - 17　鳄鱼夹放置位置

（6）选择霍尔传感器测速。

（7）将霍尔传感器吸附于限速器外壳上，磁钢吸附于限速器轮盘侧面，如图 2 - 18 所示。

图 2 - 18　磁钢吸附位置

（8）将限速器各装置恢复到待测状态。

（9）长按测量主机按键上的电源按钮 2 s 以上，打开测速仪主机，欢迎界面过后，在主界面下，单击"选项"→"功能选择"→"参数设置"（并根据限速器输入限速器的额定限度）→"确定"→"选择编码式/霍尔式"→"确定"→"节圆直径设置"（一般为240 mm）→"确定"→"外圆直径设定"（一般为 250 mm）→"确定"→"是"→"限速器测速"→"开始"→"限速器运行"（随着驱动电动机的缓慢加速，限速器相继产生电气动作和机械动作，仪器自动记录电气动作速度和机械动作速度并结束本次测量）→"停止"→"选项"→"保存"→"打印"。

（10）测试完毕，关闭仪器。

（11）导出。用数据线将仪器与计算机相连，打开数据导出软件，在设备管理中查看仪器的端口号，在软件中设置相同的端口号，单击软件中的"导入"按钮。数据导入后可通过数据导出软件进行打印或导出报告等操作。

五、无线钢丝绳张紧力测量装置

（一）检测对象

无线钢丝绳张紧力测量装置是针对电梯中钢丝绳张力的测量而设计研发的，可在不同类型和直径的钢丝绳上使用。

（二）设计原理

无线钢丝绳张紧力测量装置过高性能微电脑芯片搭配高精度压力传感器，能够对压力信号做采样分析，配以专用测量软件分析测量数据。

（三）测量数据

无线钢丝绳张紧力测量装置可测量电梯轿厢或配重端各曳引绳承受的张力，并分析其在总重量中的占比。

（四）装置构成

无线钢丝绳张紧力测量装置由数据传输盒、三防专用控制终端、钢丝绳张紧力探头等部分构成，如图 2 – 19 所示。

图 2 – 19　无线钢丝绳张紧力测量装置构成

（五）测前准备

（1）使电梯的轿厢和对重处于平层的位置，将电梯安全制停并使其置于检修状态。

（2）尽可能清除待测位置钢丝绳上的油污及杂物。

（3）建议由两人共同完成检测工作，一人负责安装、移动检测仪器；另一人负责操纵电梯移动并使用设备记录检测数据。

（六）注意事项

（1）在选择钢丝绳上的测量位置时，应尽可能选择横截面形状规则的位置进行测量，如图 2 – 20 所示。

图 2 – 20　无线钢丝绳张紧力测量装置安装位置

（2）在使用旋转柄将钢丝绳张力传感器固定在钢丝绳上时应注意使用合适的力度，避免损坏装置。

（3）装置在出厂时已设置限位指示灯，当限位销动作后，禁止再摇动手柄，防止限位销因用力过大而产生变形，进而影响测量精度。

（七）使用方法

（1）旋转钢丝绳测试探头旋转柄，使间隙大于钢丝绳直径，套到钢丝绳上后再旋紧。

（2）安装天线，连接数据线，并打开数据采集模块电源、PAD 电源。

（3）双击桌面快捷方式图标，进入测量主界面。

（4）填入设备编号、检测单位、送检单位、计量证书、检验人员等信息，或者单击输入框后面的图标，在弹出列表框中进行点选，每次测量后信息会自动保存，方便下次调取。

（5）单击"下一步"按钮，进入主界面。

（6）单击"钢丝绳张紧力测试仪"按钮，进入测试界面。

（7）单击右上角"雷达"按钮，进行设备连接，设备连接成功后变为蓝色。

（8）选择第一根，当张紧力稳定后，单击"添加"按钮，将数据保存到列表。

（9）同样选择第二根，当张紧力稳定后，单击"添加"按钮，将数据保存到列表中，其他钢丝绳依次类推（注意：钢丝绳只能依次测量，不能从第二根开始测量）。

（10）右击列表，可以删除测量数据。

（11）对比偏差，自动计算，即每测一根钢丝绳，对比偏差会显示到列表中。

（12）单击"保存"按钮进行数据保存，保存成功后弹出对话框。

（13）单击"查看"按钮，进入历史数据查看界面。

（14）单击右上角"雷达"按钮，连接打印机，选择需要打印的数据；单击"打印"按钮，打印测量数据。

（15）单击"删除"按钮对数据进行删除处理；单击"导出 word"按钮，可导出检测报告。

（16）单击"退出"按钮，退出到主界面。

六、无线电梯门夹紧力测量装置

（一）检测对象

无线电梯门夹紧力测量装置用于检测电梯层门和轿门阻止关门力大小。

（二）设计原理

无线电梯门夹紧力测量装置分别取层门和轿门上、中、下三点进行测量，产品具有易操作、精度高等优点。

（三）测量数据

测量电梯层门和轿门阻止关门力大小。

（四）装置构成

无线电梯门夹紧力测量装置构成如图 2 – 21 所示。

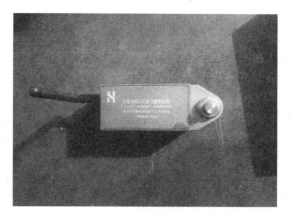

图 2 – 21　无线电梯门夹紧力测量装置构成

（五）使用方法

（1）将测量仪器按要求放置在轿厢地面上。

（2）安装天线，连接数据线，并打开数据采集模块电源、PAD 电源。

（3）按下仪器"电源开关"按钮，此时"电源开关"的蓝色指示灯亮起。

（4）仪器屏幕上显示当前 X、Y、Z 轴加速度及噪声信息。

（5）双击桌面快捷方式图标，进入测量主界面。

（6）填入设备编号、检测单位、送检单位、计量证书、检验人员等信息，或者单击输入框后面的图标，在弹出列表框中进行点选，每次测量后信息会自动保存，方便下次调取。

（7）单击"下一步"按钮，进入主界面。

（8）单击"电梯乘运质量轨距及共面性测试仪"按钮，进入测试界面。

（9）单击右上角"雷达"按钮，进行设备连接，设备连接成功后指示灯变为蓝色。

（10）将电梯运行至底层，在电梯完全停稳后，单击"开始"按钮，使电梯运行一个周期，待电梯完全停稳后，单击"停止"按钮。单击"计算"按钮，自动计算出测试数据。

（11）单击"Z 轴加速度曲线"按钮，查看 Z 轴加速度曲线。

（12）单击"Z 轴速度曲线"按钮，查看 Z 轴速度曲线。

（13）单击"Z 轴位移曲线"按钮，查看 Z 轴位移曲线。

（14）单击"保存"按钮进行数据保存，保存成功后弹出对话框。

（15）单击"查看"按钮，进入历史数据查看界面。

（16）单击右上角"雷达"按钮，连接打印机，选择需要打印的数据，单击"打印"按钮，打印测量数据。

（17）单击"删除"按钮对数据进行删除处理。单击"导出 word"按钮，可导出检测报告。

（18）单击"退出"按钮，退出到主界面。

七、无线电梯防止扒门力测量装置

（一）检测对象

电梯轿厢门的扒开间隙及作用力。

（二）设计原理

无线电梯防止扒门力测量装置是通过高精度位移传感、压力传感器测量，辅以驱动结构进行测量，数据实时返回到测试系统的装置。

（三）测量数据

实时位移和实时力。

（四）仪器构成

无线电梯防止扒门力测量装置由电池仓、操作杆、销帽、电源开关、天线等构成，如图 2 - 22 所示。

图 2 - 22 无线电梯防止扒门力测量装置

（五）使用方法

（1）安装天线，并打开数据采集模块电源、PAD 电源。

（2）按下仪器"电源开关"按钮，此时"电源开关"蓝色指示灯亮起。

（3）拉起球头销，使拉板闭合。

（4）将拉板插入电梯门缝隙内。

（5）向前推动操作杆。

（6）双击桌面快捷方式图标，进入测量主界面。

（7）填入设备编号、检测单位、送检单位、计量证书、检验人员等信息，或者单击输入框后面的图标，在弹出列表框中进行选择，每次测量后信息会自动保存，方便下次调取。

（8）单击"下一步"按钮，进入主界面。

（9）单击"层门运动间隙测试仪"按钮，进入测试界面。

（10）单击右上角"雷达"按钮，进行设备连接，设备连接成功后指示灯变为蓝色。

（11）单击"开始"按钮，缓慢拉起操作手柄，往复操作，随着拉板的移动将电梯门逐渐撑开，此时测量主机自动记录并显示拉板的最大间隙和最大拉力。

（12）当结论显示为"合格"或"不合格"时，测试结束。

（13）单击"保存"按钮进行数据保存，保存成功后弹出对话框。

（14）单击"查看"按钮，进入历史数据查看界面。

（15）单击右上角"雷达"按钮，连接打印机，选择需要打印的数据，单击"打印"按钮，打印测量数据。

（16）单击"删除"按钮对数据进行删除处理；单击"导出 word"按钮，可导出检测报告。

（17）单击"退出"按钮，退出到主界面。

八、无线电梯门变形力检测装置

（一）检测对象

无线电梯门变形力检测装置用于检测电梯厅门所受的变形力。该装置施力与测量为一体，受力均匀，支撑杆与施力装置采用分体快装结构。支撑杆采用分体式航空铝料，架设快速，使用非常方便，适用于质量技术监督局、商检局、电梯安装部门等单位对电梯厅门强度的快速高精度的检测，同时适用于电梯厅门生产厂家的在线检测。

（二）设计原则

进入轿厢的井道开口处应装设无孔的层门，门关闭后，门扇之间及门扇与立柱、门楣和地坎之间的间隙应尽可能小。

对于载人电梯，此运动间隙不得大于 6 mm。对于载货电梯，此间隙不得大于 8 mm。由于磨损间隙值允许达到 10 mm。如果有凹进部分，上述间隙从凹底测量。

锁紧：轿厢运动前应将层门有效地紧锁在闭合位置上，但层门锁紧前，可以进行轿厢运行的预备操作，层门锁紧必须由一个符合 14、1、2 要求的电气安全装置来证实。详见 GB 7588—2003 中 7、7、3、1、1～7、7、3、1、10。

（三）测量数据

无线电梯门变形力检测装置可对电梯层门施加压力并测量变形位移。

（四）装置构成

无线电梯门变形力检测装置主要由支架层门卡板、模块支架紧固调节手柄、模块支撑连杆、触摸显示数据采集盒、压力接触块、压力传感器、施加压力手柄等部分构成，如图 2 - 23 所示。

1—支架层门卡板；2—模块支架紧固调节手柄；3—模块支撑连杆；
4—触摸显示数据采集盒；5—压力接触块；6—压力传感器；7—施加压力手柄。

图 2 – 23　无线电梯门变形力检测装置构成

（五）使用方法

（1）根据电梯厅门宽度取出设备支撑连杆进行快速安装。

（2）将设备层门卡板固定在电梯层门缝隙位置，旋转模块支架紧固调节手柄使设备紧固在电梯层门外侧。

（3）调节施加压力旋转手柄使液晶显示屏幕所显示位移距离归零。

（4）通过旋转压力接触块使平面刚好与电梯层门接触旋转施力手柄，对电梯层门施加一定的压力，当压力达到要求时单击"触摸屏幕数据保存"按钮，再单击"打印"按钮打印当前压力与变形距离数据。

（5）测量其他位置及其他力的变形位移，方法同上。

九、无线导轨垂直度、轨距和双轨间共面性测量装置

（一）检测对象

电梯中通常使用的 T 形导轨。

（二）检测依据

《电梯安装验收规范》（GB/T 10060—2011）中关于导轨顶面间距离检验要求如下。5、2、5、5 每列导轨工作面（包括侧面与顶面）相对安装基准线每 5m 长度内的偏差最大值为：

（1）轿厢导轨和装设有安全钳的对重导轨为 0.6 mm；

（2）不设安全钳的 T 形对重导轨为 1.0 mm。

对于铅垂导轨的电梯，在安装后检验导轨时，可对每 5m 长度相对铅垂线分段连续检测（至少测 3 次），取测量值间的最大相对偏差，其值不应大于上述规定值的 2 倍。5、2、5、7 两列导轨顶面间距离的允许偏差如下：

（1）轿厢导轨为 0 ~ +2 mm；

（2）对重导轨为为 0 ~ +3 mm。

（三）设计原理

无线导轨垂直度、轨距和双轨间共面性测量装置通过高性能微电脑芯片，搭配高精度测距仪和角度传感器，实时采集距离和角度信号，配以专用测量软件，分析轨距偏差。

（四）测量数据

无线导轨垂直度、轨距和双轨间共面性测量装置可测量轿厢或配重端两根 T 形导轨间轨距偏差和共面偏差。

（五）装置构成

无线导轨垂直度、轨距和双轨间共面性测量装置主要由天线、测试主机、激光探头、调节旋钮、导轨安装座等部分构成，如图 2 – 24 所示。

1—天线；2—测试主机；3—激光探头；4—调节旋钮；5—导轨安装座。

图 2 – 24　无线导轨垂直度、轨距和双轨间共面性测量装置构成

（六）测前准备

（1）使电梯的轿厢和对重处于安全位置，将电梯安全制停并使其置于检修状态。

（2）尽可能清除待测位置导轨上的油污及杂物。

（3）建议由两人共同完成检测工作，一人负责安装、移动检测仪器；另一人负责操纵电梯移动并使用设备记录检测数据。

（七）使用方法

（1）通过永久强磁将仪器固定在导轨面上，且固定时导轨固定座应尽可能与导轨顶面贴合。

（2）安装天线，并打开数据采集模块电源、PAD 电源。

（3）双击桌面快捷方式图标，进入测量主界面。

（4）填入设备编号、检测单位、送检单位、计量证书、检验人员等信息，或者单击输入框后面的图标，在弹出列表框中进行点选，每次测量后信息会自动保存，方便下次调取。

（5）单击"下一步"按钮，进入主界面。

（6）单击"轨距及共面性测试仪"按钮，进入测试界面。

（7）单击右上角"雷达"按钮，进行设备连接，设备连接成功后指示灯变为蓝色。

（8）将激光红点通过调节旋钮拨到导轨边缘，单击"基准"按钮，仪器返回数值。

（9）更换测量位置，调节旋钮，将红点再次调整到导轨上，单击"测量"按钮，此时返回规矩偏差值和共面性偏差值。

（10）单击"添加"按钮，将数据保存到列表中。其他位置测量依次类推。

（11）右击列表，可以删除最后一行数据，或者删除全部测量数据。

（12）单击"保存"按钮进行数据保存，保存成功后弹出对话框。

（13）单击"查看"按钮，进入历史数据查看界面。

（14）单击右上角"雷达"按钮，连接打印机，选择需要打印的数据，单击"打印"按钮，打印测量数据。

（15）单击"删除"按钮对数据进行删除处理；单击"导出 word"按钮，可导出检测报告。

（16）单击"退出"按钮，退出到主界面。

十、无线电梯轿厢与井道壁距离测量装置

（一）检测对象

无线电梯轿厢与井道壁距离测量装置用来检测电梯轿厢与井道壁间距的自动化与超差。测量过程中实时显示被测面的整面数据，分别用红色、黄色和绿色来显示超限轮廓面、预警轮廓面、合格轮廓面，具体测量结果为超限面积值和预警面积值。此外，该装置可正向、逆向 360°旋转，适应各种方位场景，无须重新调试，方便检测人员现场判定，快速获取轮廓实现建图。

（二）设计原理

无线电梯轿厢与井道壁距离测量装置采用二维 360°激光雷达旋转全方面扫描，用户可设置有效测量角，测量数据精准稳定；可同步记录超差位置，并结合精准测速部分准确查找电梯运行的位置，支持超差位置的查询；测量单元独立充电与 PAD 电脑采用无线通信，测量结果能够以图像的方式记录显示，可生成检测报告；测量数据自带时间属性，所以测量结果可通过蓝牙打印机现场打印。

（三）测量数据

无线电梯轿厢与井道壁距离测量装置可对电梯的轿厢与井道壁距离进行测量。

（四）装置构成

无线电梯轿厢与井道壁距离测量装置由 PAD 电脑、测速部分、蓝牙打印机、测量主机等部分构成，如图 2 - 25 所示。

图 2 - 25　无线电梯轿厢与井道壁距离测量装置构成

（五）使用方法

（1）将测速部分固定在轿厢上，采集轿厢运动速度。

（2）进入轿厢关闭厅门，短接轿厢门安全回路后，轿厢门处于打开状态并以检修状态运行，使其一直处于打开状态。

（3）通过测量，将仪器安装在轿厢门口中间处。

（4）打开测速部分电源、测试主机电源、PAD 电源。双击桌面快捷方式图标，进入测量主界面。

（5）填入设备编号、检测单位、送检单位、计量证书、检验人员等信息，或者单击输入框后面的图标，在弹出列表框中进行点选，每次测量后信息会自动保存，方便下次调取。

（6）单击"下一步"按钮，进入主界面。

（7）单击"电梯轿厢与井道壁距离检测仪"按钮，进入测试界面。

（8）单击右上角"雷达"按钮，进行设备连接，设备连接成功后指示灯变为蓝色。

（9）输入轿厢门的平均值。

（10）在电梯的顶层（底层）运行前单击软件中的"测量"按键，在轿顶通过按"检修"按钮，使电梯从上向下（从下向上）运行一个完整的过程，获得测量数据，计算分析数据。

（11）单击"保存"按钮进行数据保存，保存成功后弹出对话框，然后确认。

（12）单击"查看"按钮，进入历史数据查看界面。

（13）单击右上角"雷达"按钮，连接打印机，选择需要打印的数据，单击"打印"按钮，打印测量数据。

（14）单击"删除"按钮对数据进行删除处理；单击"导出 word"按钮，可以导出检测报告。

（15）单击"退出"按钮，退出到主界面。

十一、无线电梯平衡系数检测装置

（一）检测对象

平衡系数是曳引式电梯最重要的技术参数之一，合理的平衡系数值是保障曳引式电梯正常工作的必备条件。因此，每台曳引式电梯的安装调试与验收检验都必须进行平衡系数检测。

（二）设计原理

将电梯以空载工况从底层至顶层全程往返运行，实时测量并记录轿厢和对重运行到同一水平位置时的轿厢上行速度与下行速度数据、驱动电动机上行功率与下行功率数据；依据曳引式电梯空载工况的运行功率、运行速度、运行效率与驱动载荷的函数关系，建立求解电梯平衡系数的非线性数学方程式，使用专用计算机软件求解电梯平衡系数的精确数值。

（三）测量数据

无线电梯平衡系数检测装置可对电梯的平衡系数进行测量。

（四）仪器构成

无线电梯平衡系数检测装置主要由测量主机、测速仪、测速仪支架、电流钳、PAD 电脑、蓝牙打印机、电压连接线等部分构成，如图 2－26 所示。

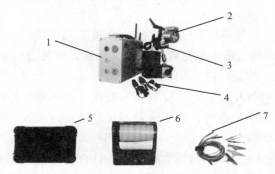

1—测量主机；2—测速仪；3—测速仪支架；4—电流钳；5—PAD 电脑；
6—蓝牙打印机；7—电压连接线。

图 2－26　无线电梯平衡系数检测装置

（五）使用方法

（1）安装测速装置到限速器或钢丝绳上。

（2）安装电流钳及电压线检测线，电压及电流采集要靠近电动机端，电流钳上箭头方向指向电动机方向，电流钳颜色要与电压连接线相对应。

（3）电压线及电流连接线按照颜色指示插入检测主机对应接口。

（4）安装天线，并打开测速模块电源、测试主机电源、PAD 电源。

（5）双击桌面快捷方式图标，进入测量主界面。

（6）填入设备编号、检测单位、送检单位、计量证书、检验人员等信息，或者单击输入框后面的图标，在弹出列表框中进行点选，每次测量后信息会自动保存，方便下次调取。

（7）单击"下一步"按钮，进入主界面。

（8）单击"电梯平衡系数测试仪"按钮，进入测试界面。

（9）单击右上角"雷达"按钮，进行设备连接，设备连接成功后变为蓝色。

（10）将电梯运行到顶层（或底层），单击"开始"按钮后，电梯运行至底层（或顶层），单击"停止"按钮。再次单击"开始"按钮后，将电梯运行至顶层（或底层），单击"停止"按钮。最后单击"计算"按钮，计算平衡系数。

（11）单击"保存"按钮进行数据保存，保存成功后弹出对话框。

（12）单击"查看"按钮，进入历史数据查看界面。

（13）单击右上角"雷达"按钮，连接打印机，选择需要打印的数据，单击"打印"按钮，打印测量数据。

（14）单击"删除"按钮对数据进行删除处理；单击"导出word"按钮，可导出检测报告。

（15）单击"退出"按钮，退出到主界面。

十二、无线曳引槽轮磨损测量装置

（一）检测对象

无线曳引槽轮磨损测量装置用于检测曳引槽轮的磨损程度。

（二）检测依据

根据相关规范要求，当绳槽磨损下陷不一致，相差为绳直径的1/10（1.5 mm）或严重的凹凸不平时，应更换绳轮。曳引轮绳槽不应有严重不均匀磨损，磨损不应改变槽形。

（三）设计原理

无线曳引槽轮磨损测量装置通过高精度槽轮测量尺对槽轮进行测量，数据实时返回到测试系统。

（四）测量数据

无线曳引槽轮磨损测量装置可测量曳引槽轮深度。

（五）装置构成

无线曳引槽轮磨损测量装置主要由标准测量探头、槽轮测量尺、数据连接线、无线数据发射装置、天线等部分构成，如图2-27所示。

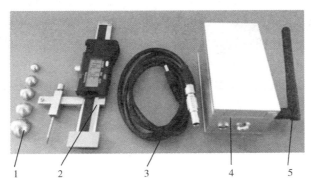

1—标准测量探头；2—槽轮测量尺；3—数据连接线；4—无线数据发射装置；5—天线。

图2-27　无线曳引槽轮磨损测量装置构成

（六）测前准备

建议由两名检测人员完成测量过程，一人操作仪器，另一人测量槽轮深度。

（七）注意事项

（1）针对不同的曳引槽尺寸，选择不同的探头。

（2）测量时电梯应停运。

（3）如果条件允许，建议由两名检测人员配合完成此项测量工作。

（八）使用方法

（1）安装天线，并打开数据采集模块电源、PAD电源。

（2）按下仪器"电源开关"按钮，此时"电源开关"的蓝色指示灯亮起。

（3）安装测量探头。注意：要根据实际钢丝绳直径，选择对应的型号。

（4）将探头和基准块放置于同一平面，然后按"ZERO"按钮。

（5）将基准块跨在槽轮边缘，调节探头悬臂位置，使探头可以紧贴在曳引槽轮底部。

（6）双击桌面快捷方式图标，进入测量主界面。

（7）填入设备编号、检测单位、送检单位、计量证书、检验人员等信息，或者单击输入框后面的图标，在弹出列表框中进行点选，每次测量后信息会自动保存，方便下次调取。

（8）单击"下一步"按钮，进入主界面。

（9）单击"曳引槽轮磨损测试仪"按钮，进入测试界面。

（10）单击右上角"雷达"按钮，进行设备连接，设备连接成功后指示灯变为蓝色。

（11）单击"第一槽"按钮，测量数值稳定后，单击"添加"按钮。

（12）单击"第二槽"按钮，测量数值稳定后，单击"添加"按钮。

（13）其他槽轮按上述方法依次测量。

（14）单击"保存"按钮进行数据保存，保存成功后弹出对话框。

（15）单击"查看"按钮，进入历史数据查看界面。

（16）单击右上角"雷达"按钮，连接打印机，选择需要打印的数据，单击"打印"按钮，打印测量数据。

（17）单击"删除"按钮对数据进行删除处理；单击"导出word"按钮，可导出检测报告。

（18）单击"退出"按钮，退出到主界面。

电梯机房维护保养规范及服务礼仪

导读：根据《电梯维护保养规则》（TSG T5002—2017）的规定，电梯的维护保养属于强制性工作，每一个电梯作业人员都必须掌握最基本的维护保养方法和技巧。本章内容主要讲解电梯机房的维护，并通过图示的方法介绍电梯困人时的救援方法，避免在救援过程中造成二次伤害，同时对服务礼仪作了简要介绍。

本章内容主要从图3-1所示几个方面展开叙述。

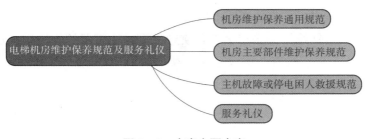

图3-1　本章主要内容

第一节　机房维护保养通用规范

一、了解电梯使用状况

维护保养人员按照维护保养计划按期到现场维护保养电梯，应首先与使用单位管理人员联系，了解电梯近期运行情况，对用户反映的问题作重点检查；对用户提出的意见和建议应及时处理或反映给公司；在维护保养前，维护保养人员应取得电梯钥匙，在基站放置电梯保养提示牌，必要时应在层门口设置护栏，防止保养期间有人乘梯或出现其他事故。

二、检查机房环境

（1）进入机房后，应检查各种标识是否齐全。包括机房重地、闲人免进、禁止吸烟、禁止烟火、吊钩限重、电梯平层标识、钢丝绳楼层标示、电梯救援紧急操作规程、盘车手轮、抱闸扳手、曳引轮上下行指示箭头、限速器动作方向指示箭头等，多台电梯在同一机房时应有单台标示（包括曳引机、控制柜、主电源、限速器等），盘车手轮应放置在易于接近的墙壁上。

（2）维护保养人员还应建议和督促电梯使用单位建立健全的电梯使用管理规章制度。

（3）机房不得有其他杂物，尤其是易燃易爆的物品。

（4）检查机房的通风（温度），机房环境温度应保持在 −10 ℃ ~ 40 ℃，如超出该范围应告知用户增加通风或对设备进行增、降温。

（5）检查灭火器材应齐全，每个电梯机房应至少配备 2 个容量为 4 kg 的干粉灭火器。

（6）检查门窗的安全性，机房门应向外开启，门应加锁，防止无关人员进入发生意外。

（7）检查机房照明是否完好，以便电梯维护。

（8）检查机房电源插座是否完好，以方便电梯维护。电源插座规格为 250 V/2P + PE。

三、检查故障记录

（1）维护保养人员在检查前，应再次通过机房对讲系统确认轿厢内没有乘客。

（2）确认轿厢无乘客后，将电梯置于检修状态。

（3）维护保养人员在维护保养和急修时须对主板和变频器的故障记录进行检查，并分析、排除可能出现的故障；检查和记录电梯的运行时间（次数），为中、大修或更换齿轮油等提供科学的依据。

四、检查控制柜

（1）清洁控制柜。清洁控制柜前应切断主电源，用皮老虎或鼓风机清洁。

（2）控制柜内接线应整齐牢固，线号应齐全清晰。

（3）检查控制柜时，应用手先触摸柜体，释放静电。

（4）检查接线是否牢固时，不易猛力拽线，应逐渐加大手力，必要时应松开线头重新紧固；检查接线牢固以 3 个月为周期。

（5）控制柜内的空闲接线柱螺丝也应紧固，避免因接线柱螺丝松动掉落而发生线路短路。

（6）控制柜内所有接线线号应齐全清楚，便于维修时查找。

（7）控制柜内各元器件应整洁、无锈蚀、动作可靠、各仪表指（显）示正常。

（8）电梯置于检修状态时，用万用表检查电梯各供电电路的电压应符合表 3 − 1 所示的电压要求。

表 3 - 1　电梯各供电电路的电压要求

项目	电压	备注
主电源	380 V	电压波动 7%
轿厢照明	220 V	电压波动 7%
井道照明	220 V	电压波动 7%
应急电源供电	DC 24 V	核对电路图
安全、门锁回路	AC 120 V	核对电路图
抱闸回路	DC 220 V	核对电路图
开关电源、接触器供电	AC 220 V	核对电路图
主控板供电电源	DC 5 V 或者 DC 24 V	核对电路图

（9）万用表置于 500 V 电压挡位（交、直流挡应分开）。

（10）电梯置于正常运行，继电器、接触器在动作时应灵活可靠，无卡阻、无拉弧等现象。

（11）检查相序继电器。断开总电源，将主开关输出线分别断去一相或交换相序后，接通电源，此时相序继电器指示灯应熄灭，安全继电器不吸合。每半年应检查一次。

（12）检查限速器电气安全开关。电梯置于检修状态，人为使限速器电气安全开关动作，此时安全继电器应断开（开关至少动作两次）。

（13）检查控制柜内安全开关。电梯置于检修状态，人为使控制柜内检修安全开关动作，此时安全继电器应断开（开关至少动作两次）。

（14）检查盘车手轮安全开关。电梯置于检修状态，人为使盘车手轮安全开关动作，此时安全继电器应断开（开关至少动作两次）。

（15）检查上下强迫换速开关、上下限位开关、上下极限开关是否正常。

（16）将电梯正常运行至上、下端站的前一层，并将其置于检修状态，以检修速度上、下运行依次检查各行程开关。

（17）当撞弓碰触上、下强换开关时，主板的上、下强换指示灯应熄灭。上强换线号为 $\phi607$，对应指示灯为 X7；下强换线号为 $\phi609$，对应指示灯为 X8。

（18）电梯继续慢车上、下行，当撞弓碰触上、下限位开关时，主板的上、下限位指示灯应熄灭。此时通过曳引钢丝绳上的平层标示为基准，用钢直尺测量距离应保证在 50 ~ 100 mm。上限位线号为 $\phi615$，对应指示灯为 X5；下限位线号为 $\phi617$，对应指示灯为 X6。

（19）当检查上、下极限时，应先短接上限位 $\phi600$ 和 $\phi615$ 或下极限 $\phi600$ 和 $\phi617$。电梯继续慢车上、下行，当撞弓碰触上、下极限时，安全继电器应断开电梯停止运行。此时通过曳引钢丝绳上的平层标示为基准，用钢直尺测量距离应保证在 150 ~ 200 mm。

（20）检查完毕后应立即拆除封线。

五、检查曳引机

（1）检查曳引轮的磨损情况。

（2）在曳引轮上端部将钢直尺平行放置于曳引钢丝绳的表面，目测各钢丝绳与钢直尺的间隙。若与钢直尺有间隙，则说明单根钢丝绳受力较大，曳引轮轮槽磨损较为严重，此时应通过调整钢丝绳张力，使轮槽的受力一致（钢丝绳张力调整见井道部分）。

（3）用深度卡尺测量曳引轮的 U 形切口槽，当切口深度小于 3 mm 时应立即更换。

（4）检查曳引轮和导向轮铅垂度、平行度。

①曳引轮、导向轮铅垂度的检查。在轿厢空载状况下，将磁力线坠吸在曳引轮上方，先在曳引轮上方边缘用垫片或螺帽支起 10 mm 的高度，稳固线锤后，用钢直尺测量上、下端距离差应保证在 0 ~ 1 mm。测量时应尽量靠近轮子的中心。

②曳引轮/导向轮平行度的检查。用 $\phi 0.2$ mm 的渔线在导向轮边缘上打出一条直线，即先将导向轮端渔线固定，曳引轮端渔线缠在钢直尺上，并尽可能地靠近曳引轮和导向轮的中心线，左右移动钢直尺，直至渔线刚好与导向轮另一端边缘接触。曳引轮两个边缘距渔线的距离差应保证在 1 mm 以内。每 6 个月检查一次。

（5）检查曳引机有无异常响声。电梯正常运行时，将螺丝刀头部放置在曳引机上部表面，将耳朵靠在螺丝刀的手柄处听是否有杂音，如有杂音应立即停梯，并通知专业技术人员检修。维护保养人员应对正常运行曳引机声响和不正常的声响进行比较，逐渐积累经验。

（6）按照曳引机维护保养说明定期对轴承加油。用加油枪对准曳引机轴承上部的加油嘴开始注油，直至润滑油从曳引机轴承下部的油嘴溢出；取出加油枪，将曳引轮旋转 90°再次注油，直至曳引机轴承下部的油嘴向外溢出，则表示轴承内部油注满。每半年应注油一次。

（7）导向轮加油。用加油枪对准导向轮的加油嘴开始注油，直至润滑脂从轴承密封圈处向外溢出，表示油已注满。导向轮应每半年加油一次。

（8）紧固曳引机各连接螺栓和接线盒内接线。

（9）用扳手紧固曳引机与底座的连接螺栓、加高台与底座的连接螺栓、底座与减震胶垫连接螺栓、减震胶垫与工字钢连接压板螺栓。螺栓紧固后，应在螺帽与丝扣之间点红漆标注。

（10）打开曳引机接线盒，用扳手紧固进线和出线端螺栓，用十字螺丝刀紧固接地螺栓。每月紧固一次。

（11）清洁曳引机表面和轮槽内油污。

（12）用棉布沾少许煤油擦拭曳引机表面直至无灰尘和油污。

（13）将棉布缠在螺丝刀端部，沾少许煤油，清理轮槽内油污。

六、检查制动器

（1）检查制动器温升。用手触摸制动器表面，正常情况下手摸到时不会被表面温度烫至立即缩回，此时表面温度应在 55 ℃左右，如温度过高应立即停梯检修。

（2）紧固制动器接线盒内接线。打开接线盒，用一字螺丝刀紧固进线和接线端接线。

（3）检查制动器各销轴部位是否良好，动作是否灵活可靠。电梯检修运行时，制动器开启、关闭应同步且无较大撞击声。

（4）检查制动器间隙。电梯检修运行，应先调整制动器的闸瓦，使其与制动轮轻微摩擦，然后将调整螺栓回旋至无摩擦声音时，将调整螺栓的备帽紧固。调整后抱闸间隙应为 0.15 ~ 0.3 mm。

（5）检查制动衬磨损。正常情况下，磨损不应大于原厚度的 1/3。停梯观察制动闸瓦应紧密地合于制动轮表面；制动摩擦片小于 4.5 mm 时应更换。

（6）定期检查、清理制动器铁芯。切断主电源，用手动开闸扳手人为使制动器动作，观察抱闸有无卡阻现象。每半年通过制动器的注油孔注 30 号机油，每次注入 2 ~ 4 滴。

（7）检查制动器反馈开关。先用钢直尺或螺丝刀人为使制动器反馈开关动作，然后将电梯调至慢车运行，此时电梯应停止且不能再重新起动（开关至少动作两次）。

七、检查曳引钢丝绳

（1）检查钢丝绳磨损情况。电梯检修运行，逐段停梯检查曳引钢丝绳断丝、松股和生锈情况，钢丝绳不得有死弯现象。更换钢丝绳的标准：

①凡单根断丝分布较均匀，在 200 mm 内断丝超过 16 根时；

②断丝集中在一股或两股中，在 200 mm 内断丝超过 8 根时；

③钢丝绳单股磨损发亮且磨扁时，即使未发现断丝也应更换钢丝绳；

④检查曳引绳绳头组合螺母无松动、开口销齐全。

（2）清洁钢丝绳油污。清洁钢丝绳应用棉布沾煤油通过逐段停梯分段擦拭钢丝绳表面，每半年应清洁一次。

八、检查限速器

1. 检查限速器运行时有无异常声响

电梯正常运行时，听限速器在运行过程中有无异常响声，如有应停梯检修。

2. 定期对限速器轴、销加注润滑脂

用毛刷或棉布沾煤油清洁限速器表面；绳轮轴承处每 6 个月注一次 2 号钙基润滑脂；对于溢出的润滑脂应用棉布蘸煤油及时清理，防止由于润滑脂硬化而造成限速器误动作。

3. 定期做限速器、安全钳联动试验

（1）机房限速器、安全钳联动试验

①轿厢空载状况下，电梯以检修速度向下运行，当轿厢运行至 2 层附近，用螺丝刀人为向上提拉限速器的甩块，此时棘爪动作并卡在棘轮上，电气开关应动作，并且电梯立即停止运行。

②在控制柜内用短接线短接 φ133 和 φ135，电梯继续向下运行，当安全钳被提拉时，安全钳开关应动作，且电梯立即停止运行。

③再次在控制柜内用短接线短接 φ103 和 φ121，此时安全钳锲块应被提拉并卡死轿厢，轿厢被制停后，曳引轮与曳引钢丝绳应打滑。

④电梯检修上行，用螺丝刀将限速器的棘爪抬起复位，限速器恢复正常。

⑤试验结束后应立即拆除封线。

⑥试验后，应及时处理导轨上的毛刺。

（2）无机房限速器、安全钳联动试验

电梯检修下行时，拨动控制柜内钥匙开关 SK1，安全回路断开，电梯应能制停；电梯检修上行时，拨动控制柜内钥匙开关 SK2，安全回路接通，电梯应能复位上行。注意事项：拨动钥匙开关的时间不得大于 30 s，间隔时间要大于 10 s，以免损坏开关内的线圈。限速器、安全钳联动实验每半年检查一次。

4. 清洁限速器钢丝绳

用棉布蘸煤油通过分段停梯逐段清洁限速器钢丝绳，保证限速器动作可靠。

第二节　机房主要部件维护保养规范

根据《电梯维护保养规则》（TSG T5002—2017）规定，电梯曳引系统大部分的维护保养主要集中在机房或者滑轮间，具体的维护保养规范如表 3-2 所示。

表 3-2　机房主要部件维护保养规范

项目	图示	标准要求	维护保养规范
机房、滑轮间环境		1. 机房保持良好的通风，地面整洁干燥。 2. 配套设施齐全（照明 ≥200 lx，门、窗、锁、灭火器齐全）。 3. 安全指示标志齐全"机房重地闲人免进""严禁烟火""最高、最低层标志""运动部件注意标志""救援工具指示牌"等。 4. 电梯电源电压为 AC 380 V，电压允许波动范围为 ±7%，即 AC 353.4～406.6 V。 注意：根据"电梯制造与安装安全规范"（GB 7588—2003）规定，机房噪音 ≤80 dB；机房温度保持在5～40 ℃	1. 清除机房内与电梯无关的杂物，特别是易燃、易爆物要及时清理。 2. 清扫机房地面灰尘，擦拭油污。 3. 目测确认配套实施完备和各安全指示标志齐全。 4. 用万用表"AC"挡测量控制柜内 MAIN 开关上的接线端"R/S/T""S/T"，记录测量电压值。 5. 如测量电压值不在标准范围内，需要与甲方沟通进行降/升压处理。 注意：在完成保养作业后，关闭机房门窗，防止灾害天气及其他原因对电梯设备造成损坏

续表

项目	图示	标准要求	维护保养规范
手动紧急调整装置（盘车装置）	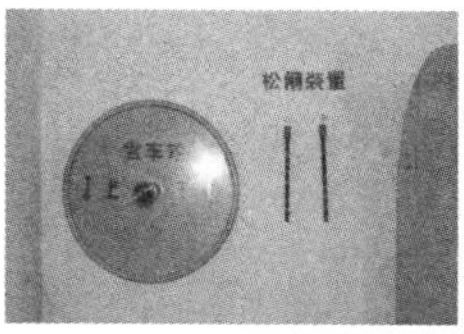	1. 救援装置（盘车手轮、松闸扳手）齐全，放置在指定位置并固定良好。 2. "手动盘车救援操作指引"张贴完好。 3. 救援设备安全开关接触良好且功能有效。 4. 检查盘车轮开关触点是否有氧化，如有氧化，则需要进行打磨或更换，检查开关接触良好	1. 目测确认救援装置齐全，救援操作指引张贴完好。 2. 取下盘车手轮，安全开关断开，控制柜内继电器50B释放。 3. 带齿轮的盘车手轮在齿轮部上应均匀涂上导轨油防止生锈
控制柜各仪表检查	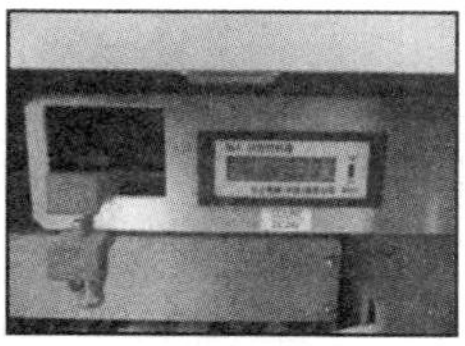	功能正常，显示正确	目测确认仪表数据，并在保养单上做好相应记录
故障清零		1. 保养作业前查阅、记录、故障码。 2. 保养作业后清除故障码	根据维护保养使用说明书清理
曳引机		1. 曳引机表面整洁，无生锈。 2. 运行时无异常振动、声响、气味	1. 清洁电动机、曳引机机座及制动器表面灰尘、油污。 2. 目测确认防震胶是否有变形、龟裂。 3. 紧固曳引机承重梁、机座和防震胶的安装螺栓、螺母、压码等
减速器		1. 减速机表面无油污，油封无渗漏。 2. 减速机内涡轮齿无损坏。 3. 减速机油量应在油标尺两刻度中间	1. 目测确认减速机表面及油封是否渗漏。 2. 电梯正常运行时，听涡轮运转是否有异声。 3. 电梯停止运行5 min以上，将油标取出，擦拭后放入油箱。再取出看标尺上的油迹，若油迹在标尺上、下线之间，则油位正确，若油量不足，则补充机油

项目	图示	标准要求	维护保养规范
制动器各销轴部位		制动器运行时动作灵活，无异常摩擦声音	电梯机房检修运行，通过目测、听声确认各销轴部位动作灵活、无异常摩擦声
制动器间隙		1. 制动闸瓦和制动轮的工作表面要保持清洁，严禁溅入油污。 2. 制动闸瓦与制动轮工作表面应紧密均匀贴合，有效贴合部分大于接触面的70%。 3. 制动闸瓦与制动鼓间隙应为0.2～0.7 mm	切断FFB开关，用救援装置正/反盘车，目测确认制动轮表面清洁无油污，同时可使用塞尺确认制动闸瓦和制动轮工作表面间隙
编码器（旋转编码器）		1. 旋转编码器与电动机轴连接无松动，防护罩齐全。 2. 电缆线无破损并有金属软管穿套。 3. 旋转编码器电缆固定在电动机部留有适当余量（75～100 mm）。 4. 与主板或变频器侧接线要牢固。 5. 控制柜侧金属软管要做接地保护	1. 目测确认编码器安装固定可靠，金属软管走线符合工艺要求。 2. 紧固主板或变频器侧接线。 3. 检查确认旋转编码器的安装板簧。若安装板簧压得太紧，会造成平层位置偏差。 注意：旋转编码器电缆必须穿套金属软管，否则容易出现干扰，如发现金属软管不够长，需要增加
限速器各销轴部位及开关	 	1. 限速器运行时无异常声音、晃动，压绳块动作时可有效压紧限速器钢丝绳。 2. 限速器轮垂直度不大于0.5 mm。 3. 钢丝绳与锲块间隙单向为2～3 mm，双向中分。 4. 限速器电气开关有效，触点超行程距离为（3±0.5）mm	1. 电梯正常运行时，在机房通过目测、听声确认限速器运行状态。 2. 电梯停止后，目测确认绳轮有无晃动。 3. 在限速器钢丝绳夹块转动部位加油孔滴N32机油进行润滑。 4. 限速器电气开关动作，确认控制柜内继电器50B释放
保险管检查、确认		1. 保险丝/管按容量配置、接触良好。 2. 严禁短接	1. 切断FFB开关，目测确认各保险丝/管规格和标准值是否一致，不同时应立即更换。 2. 目测确认各保险丝/管是否正常。 3. 是否有短接，烧断时应立即更换

项目	图示	标准要求	维护保养规范
控制柜接触器、继电气触点检查		1. 接触器安装牢固可靠、接线端子部无异物（预防短路）。 2. 接触器、继电器触点无氧化变色、弯曲、开裂、磨损等异常。 3. 接触器动作顺畅，无卡死、一端接触、动作不到位、异响等现象	1. 切断 FFB 开关，紧固接触器、继电器各安装螺栓。 2. 拆下继电器，目测确认触点是否有异常。 3. 紧固接触器接线端子，并清除异物。 4. 电梯正常运行情况下，在 1.5 m 外观察接触器动作情况
控制柜内部及风扇检查、清洁		1. 制动电阻外部完好，不应凹凸涨裂，颜色不一。 2. 制动电阻上接线严格按照工厂出厂时的工艺要求。如果其中一个有问题，必须全部同时更换，不允许现场修复	1. 铝壳制动电阻：仔细观察制动电阻的外表有没有裂纹、凹凸涨裂等，如果有，则需要更换。 2. 波绕制动电阻：拆下外罩，清洁波绕电阻上的灰尘，仔细观察制动电阻的外部有没有发红或者是接线不良的情况，若有，则要更换或处理。 注意：使用漆刷清扫电子板时，不应用力较大，避免将元件接线或焊口扫松。使用吹风机清洁时应从侧方向吹尘
控制柜内各接线端子		1. 插件、插接的连接状态和锁扣状态良好。 2. 各接线端子紧固、整齐、线号齐全清晰。 3. 动力线接线端子护套齐全，两端用扎带扎紧并用红色油性笔做好记号。 4. MCUB 板插接器接触良好，继电器完好并插接牢固，旋转编码器插接螺丝牢固，PG 卡插接牢固	1. 切断 FFB 开关，紧固所有元件及端子上的接线螺栓。 2. 目测确认插接件连接状态。 3. 目测确认各电气回路接线端子排上无短接现象。 4. 切断 FFB 开关，确认 MCUB 板上指示灯全部熄灭后，检查所有插接触良好，插接里面没有异物卡住。 5. 板载继电器完全插好，继电器内部的触点没有烧蚀变形。 6. 检查 PG 卡插接良好，旋编插接良好，确认螺丝拧紧
停电自救装置试验、测量电压		1. 功能正常。 2. 输出电压符合要求	1. 电梯正常短暂运行，切断 FFB 开关或按下试验按钮。 2. 停电柜能在 3 s 内作出应急响应，转换至停电自救运行状态。 3. 恢复电源后，充电指示灯正常

项目	图示	标准要求	维护保养规范
曳引轮槽、曳引钢丝绳		1. 曳引/导向轮槽上无严重油污。 2. 曳引钢丝绳无黏附泥沙及油污	切断 FFB 开关，使用钢丝刷清除曳引钢丝绳表面黏附泥沙及油污，必要时可用金属清洗剂清洗
制动衬		1. GHB－500 电磁制动器刹车片的厚度应为 8 mm，且整体均匀。 2. 刹车片的磨损极限为 2 mm，磨损局部厚度小于 6 mm，即需要更换刹车片	切断 FFB 开关，使用钢直尺对刹车皮厚度尺寸进行确认
位置脉冲发生器		1. 运行时无异常声音、晃动。 2. 旋转编码器滚轮与限速器轮侧面距离为 1~2 mm	电梯正常运行时，在机房通过目测、听声确认是否存在异常声音和晃动
选层器动静触点		触点无氧化变色、弯曲、开裂、磨损等异常	切断 FFB 开关，目测确认触点使用状态，污垢可用精密仪器清洁剂进行清理。如有破裂、磨损则须立即更换
限速器轮槽、限速器钢丝绳		1. 轮槽上无严重油污。 2. 钢丝绳表面无黏附泥沙及油污。 3. 钢丝绳无断丝、断股、变形、生锈现象。 4. 钢丝绳与绳孔间隙 3 mm 以上	1. 切断 FFB 开关，清除轮槽和钢丝绳表面油污；必要时可用金属清洗剂清洗。 2. 使用钢丝刷清除钢丝绳表面黏附泥沙及油污。 注意：冬季保养时须防止限速器轮槽表面油污结块，从而造成绳轮抖动，使限速器电气开关误动作

续表

项目	图示	标准要求	维护保养规范
电动机与减速机联轴器螺栓		电动机与减速机联轴部件螺栓、螺丝不欠缺，且紧固良好	切断 FFB 开关，使用救援装置正/反盘车查看联轴器是否有松动
曳引轮、导向轮轴承部		曳引轮/导向轮轴承运行无异常声响、振动，润滑良好	电梯正常运行时，通过目测、听声确认轴承部是否有异常声音、晃动
曳引轮/导向轮槽		1. 当曳引钢丝绳凹入曳引轮槽表面大于 0.5 mm 时，须更换曳引轮。 2. 当曳引钢丝绳下陷不一致，相差达到曳引绳直径的 1/10 时，需要更换曳引轮。 3. 防跳杆间隙符合尺寸	1. 切断 FFB 开关，直尺横于曳引轮上作基准。 2. 使用游标卡尺测量轮端面 L 和曳引钢丝绳顶端 D 与直尺的距离（必须对每条钢丝绳进行测量）。如果 $L - D \leqslant -0.5$ mm，则须更换曳引轮
抱闸螺丝松紧情况、接线检查		1. 抱闸固定螺丝紧固。 2. 抱闸开关端子排接线规范可靠，无虚接现象	1. 切断 FFB 开关，紧固各部位螺丝。 2. 目测确认接线规范是否可靠
铁芯行程测定	 	1. TK 卧式主机 EHB300/335 制动器铁芯行程为 2 mm×1.5 mm。 2. TY 立式主机 BTL－AD4/DD4 制动器铁芯行程为 4～6 mm。 3. GST 主机 GHB－500 型制动器铁芯行程为 2 mm×2.5 mm。 4. HSGL 主机 ECB－240 型制动器铁芯行程为 0.5～0.6 mm。 5. L（M）SGL 主机 BLD－500 型制动器铁芯行程为 0.3～0.4 mm	EHB 抱闸行程调整：确认抱闸调节螺栓与制动器铁芯顶杆有间隙，并用手将线圈盒和电枢向中间挤压，确认挤压后的铁芯行程值；如无间隙，则拧松左、右调节螺栓的锁紧螺母，再拧出调节螺栓

续表

项目	图示	标准要求	维护保养规范
制动器上检测开关		1. TK 卧式主机 EHB300/335 型制动器微动开关动作行程为 0.3～0.9 mm。 2. GST 主机 GHB－500 型制动器微动开关动作行程为 0.3～0.9 mm。 3. HSGL 主机 ECB－240 型制动器抱闸反馈微动开关动作行程为 0.1～0.3 mm。 4. L（M）SGL 主机 BLD－400 型制动器抱闸反馈微动开关动作行程为 0.15～0.2 mm	EHB 抱闸微动开关行程调整， 1. 用固定螺栓将 BCS 开关支架安装在主机连接座上，固定螺栓暂用手拧紧即可。 2. 调整 BCS 开关位置，用 0.2 mm 塞尺确认微动开关触头与制动器壳体的间隙为 0.2 mm。 3. 插入 0.3 mm 塞尺确认开关不动作，再插入 0.9 mm 塞尺确认开关动作
导电回路绝缘性能测试		1. 电源回路、电动机主回路电阻大于 1.0 MΩ。 2. 控制回路、信号回路、照明回路电阻大于 0.5 MΩ	1. 切断 FFB 开关，拆除控制系统和变频系统的所有插件。 2. 使用兆欧表测量电源回路、安全回路和其他控制回路绝缘电阻
制动器铁芯（柱塞）		制动铁芯内部干净整洁，制动器动作灵活	抱闸解体检查作业时间需要定期进行。保养梯运行 1 年、三包梯运行半年进行一次
制动器制动弹簧压缩量		1. 制动器弹簧锁紧螺母齐全、紧固。 2. 各型号制动器弹簧压缩量按出厂铭牌装配值要求调整	目测确认制动器弹簧螺母、压缩量符合铭牌要求。弹簧接口处须卡在制动臂内

第三节　主机故障或停电困人救援方法

曳引式乘客电梯困人的时候，救援人员实施救援的主要区域是机房和厅门口，同时要通过机房的对讲系统安抚乘客，了解乘客的状态，并通过机房的紧急救援装置实施救援。具体救援的方法和步骤如表 3－3 所示。

表 3 – 3　电梯救援方法及步骤

实施项目		图示	救援方法
阶段	步骤		
救援人员到达后	1		与客户确认困人事故发生时情况： 1. 确认故障电梯所在单元。 2. 确认电梯故障发生的大致原因。 3. 确认电梯被困大致楼层。 4. 确认被困人员数量及状况
	2	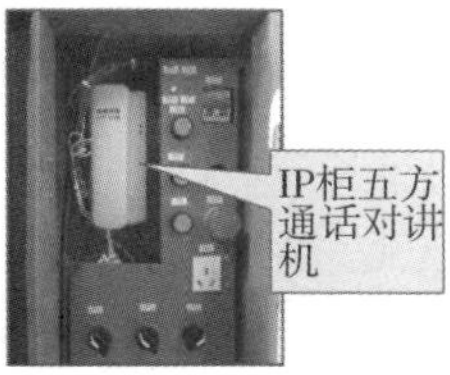 　IP柜五方通话对讲机	利用厅外检修柜或值班室的对讲机与乘客联络，安抚乘客： 1. 告知救援人员已到达现场。 2. 告知被困人员耐心等待，不要恐慌
	3	 左手持三角钥匙	拨下厅外检修柜内的急停开关"STOP"，断开 48 V 安全回路；确认轿厢停止位置
	4		当轿厢停在踏板距离平层位置 +950 ～ –1200 mm 时，将厅外检修柜内的主空气开关"MAIN"拨到"OFF"，锁上厅外检修柜，然后打开轿厢所在层厅门及轿门，直接将被困人员从出入口救出。大楼供电正常时，使用紧急电动运行将轿内被困乘客救出
大楼供电正常时，使用紧急电动运行将轿内被困乘客救出。当轿厢停在非平层区，要移动轿厢进行救援时	1	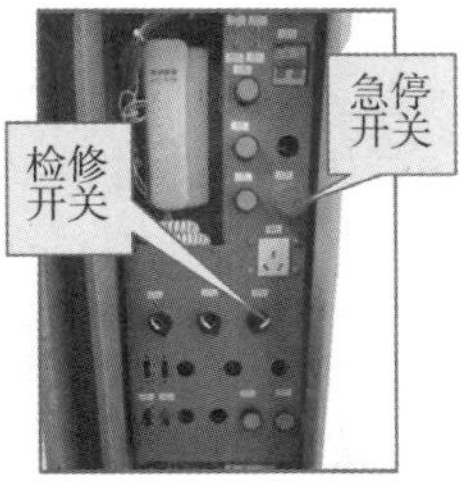 检修开关　　急停开关	松开急停开关"STOP"，将检修运行开关拨到"检修"
	2		确认各层门、轿门已关闭（可以用便携式编程器确认），同时告知乘客即将移动轿厢

实施项目		图示	救援方法
阶段	步骤		
大楼供电正常时，使用紧急电动运行将轿内被困乘客救出。当轿厢停在非平层区，要移动轿厢进行救援时	3	 公用按钮"运行"	同时按下紧急电动运行公用按钮"运行"和紧急电动"上行"按钮或紧急电动"下行"按钮，将电梯开至门区位置（由门区灯指示：到达门区时，门区灯熄灭）
	4	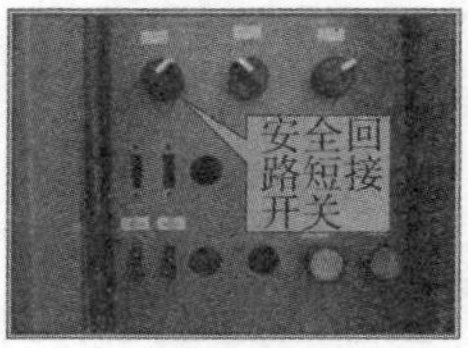 安全回路短接开关	若电梯不能运行，尝试拨下厅外检修柜内的安全回路短接开关，继续执行步骤3操作将电梯开至门区位置
	5	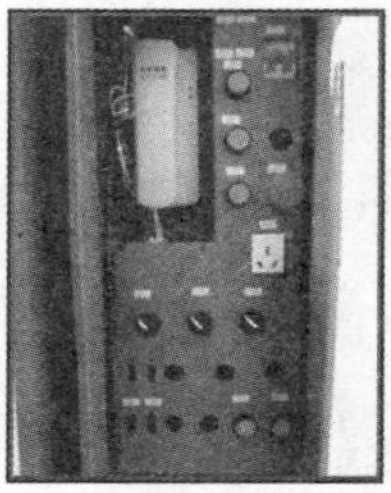	锁上厅外检修柜，打开轿厢所在层厅门及轿门释放乘客
大楼断电或短接安全回路开关后电梯仍不能运行，可使用紧急电动装置（如日立电梯的BCR电动松闸器）将乘客救出。当轿厢停在非平层区，要移动轿厢进行救援时	1	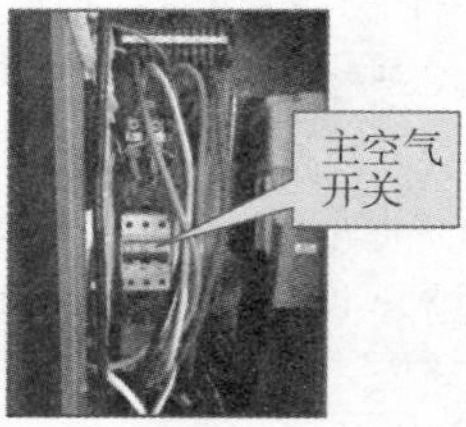 主空气开关	将厅外检修柜内的主空气开关拨到"OFF"处
	2	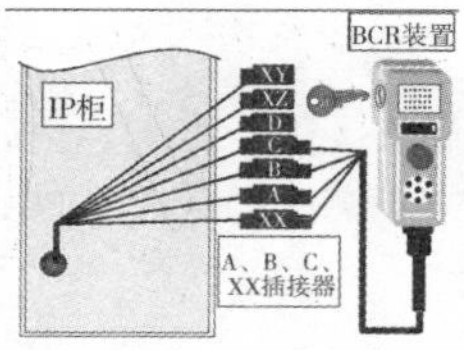 BCR装置 IP柜 A、B、C、XX插接器	从厅外检修柜取得BCR电动开闸装置
	3		将BCR的"A""B""C""XX""XS"插接座和厅外检修柜内的接头接好

实施项目		图示	救援方法
阶段	步骤		
大楼断电或短接安全回路开关后电梯仍不能运行，可使用紧急电动装置（如日立电梯的 BCR 电动松闸器）将乘客救出。当轿厢停在非平层区，要移动轿厢进行救援时	4		确认各层门、轿门已关闭，告知乘客即将移动轿厢
	5	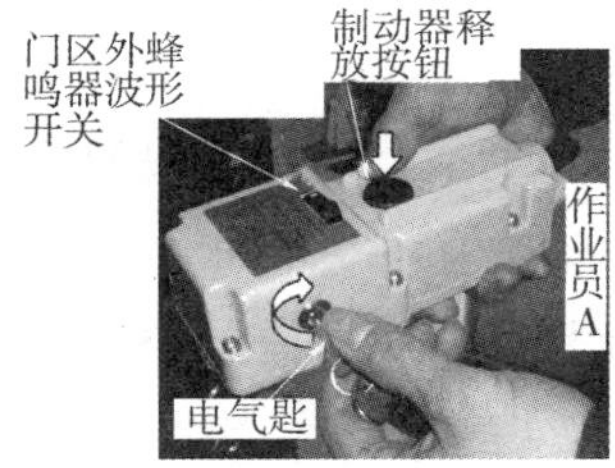 门区外蜂鸣器波形开关　制动器释放按钮　作业员 A　电气匙	按下 BCR 上的船形开关，并确认蜂鸣器响起。闭合 BCR 上的钥匙开关，点动（断续按下）按钮开关，此时，制动器断续释放。由于轿厢侧与对重侧不平衡，轿厢将向上或向下低速、断续移动。当轿厢到达门区时，蜂鸣器停响，此时应马上停止操作 BCR
	6		拔出 BCR 连接线，锁上厅外检修柜，打开轿厢所在层厅门及轿门释放乘客

第四节　服务礼仪

一、服务礼仪十大准则

服务礼仪十大准则如下：

（1）微笑是基本表情。

（2）员工是企业形象的代表。

（3）主动，不要等待，急客户之所急。

（4）以平常心对待每一位客户。

（5）聆听，不要随意打断客户。

（6）铃响三声接听电话，你的微笑对方听得见。

（7）不放过每一个细节。

（8）宁愿麻烦自己十分，不要麻烦客户一分。

（9）对客户承诺的一定要做到。

（10）工作可以不在 24 h 内干完，但必须在 24 h 内有回复。

二、提供优质服务态度

1. 服务态度

提供优质服务，使客户信任及满意。应谨记服务的本质是以顾客为本，故应以礼貌、亲切、诚恳的服务态度待人。

各位员工应秉持"顾客为本"的服务精神，用细心、体贴、关怀的服务去对待客户，以令其将自己视为亲信，消除彼此间的隔膜。届时，凡事都会获得其谅解，使自己的日常工作顺利进行。

以认真、亲切和虚心的态度去处理投诉及迅速回应，争取客户的信赖。

遇到客户对自己的服务诸多指责时，我们必须沉着、冷静、耐心等待，避免与其争论，待其理智渐恢复时，再用简单、清晰的语调及温婉的态度向客户详细解释、作处理或跟进承诺，务求令对方释然为止。

作为一线的员工，由于经常与客户接触，员工的态度会直接影响客户对公司的印象，必须要保持良好的服务态度。

2. 主动及计划安排

凡事应自觉主动，迅速去面对及处理，不能在别人提出要求或施压时才勉强应对。

应以先知先觉，洞悉先机，预先安排的态度面对日常工作，如安排计划性维修，更换零件应提早通知物业，使他们能尽早通知住户或商户。

3. 技巧及方法

和蔼友善的态度是取悦客户的最实用方法，一个发自内心的微笑绝对能令事情变得更美好。在岗位上执行任务时，如以亲切的笑容接触客户必使得工作更容易展开。

客户提出投诉，应聚精会神地聆听，千万不可敷衍了事或东张西望，以示对其尊重，切勿与对方争执。

遇到客户询问时要谨慎回答或提供改善方法供对方参考，时常保持亲善态度。

不可让自己的情绪影响服务质量，工作时必须将所有烦恼抛开，轻松地执行任务。

5. 称呼及问好

亲切友善地问好是与客户拉近距离最好的方法，一句关怀的问候，会令客户感觉被尊重而开心。向客户问好时，除谈吐婉转得体，语意温柔清晰外，还须表露关怀及发自内心的诚意。

例如，"先生/小姐，您好！我是××电梯的维护保养人员。"

采用个人化的问好，如尊称对方姓氏，更能令顾客感觉备受重视。

例如，"下午好，×经理，今天我们对贵小区/大楼××号电梯进行例行保养。"

6. 员工个人行为操守

员工在工作时间或上下班途中，由于穿着公司制服即表示为公司员工，因此必须注意个人行为，切勿粗言秽语、高声喧哗、行为不检或作出有损公德的行为，会影响公司及个人形象。

与客户进行联络、咨询或沟通时，应避免提及公司内部政策、人事或管理等问题；避免谈论其他客户，以免引起不必要的麻烦；不可对客户吹口哨或滋扰；在客户大厦范围内不可吸烟。

三、个人仪表及形象

（1）一线员工即公司代表，其给予客户的印象是非常重要的，因此员工仪表衣着整齐绝不能忽视，各员工都必须注意个人的仪容及姿态。

（2）注意个人卫生，头发要经常梳洗，前发不及眉，侧发不掩耳，后发不触领。头发太长或染为非自然色泽，标新立异，容易引起客户的不安。

（3）保持神采奕奕，积极及开朗的心境及形象。

（4）必须穿着合身及整洁的制服，私人御寒衣须穿在内层，外层衣物须显示公司标志以方便客户识别。

工作帽：正确戴上。

工作服：扣好纽扣，拉起拉链，不挽起袖子。

工作裤：裤脚缝线没有绽开，没有油污。

安全鞋：鞋底没有油污，鞋尖没有被磨损，应正确系上鞋带。

工号牌：佩戴在左胸上方，不歪斜。

四、礼貌应对及服务指引

在保养站内接听电话方法及技巧如下：

（1）在接听对方电话时，尤其是客户，语气及态度应温和、友善。

（2）接听电话的时候要加上礼貌用语并报上公司名称。

例如，上午要说"早上好，××电梯"或"你好，××电梯"，挂电话前要说"再见"或"拜拜"。

（3）如接获紧急维修或困人电话时，应记录时间及客户资料，如大厦地址、机号、是否有困人等，尽可能了解现场情况，温和及诚意地回答会尽快派人到达现场，以平息客户的焦急心情。此外，接听者应礼貌地问询来电者姓名，身份资料（如来电者是管理员或是住客）及联络电话等。若来电者不愿提供有关资料，接听者不能继续追问。

（4）接听投诉时，应有耐心，了解清楚对方不满意之处，详细记录及有礼貌地解答客户问题，如不能解决，应礼貌地告之，待调查清楚回复，并应说"对不起""不好意思""抱歉"等表达歉意并承诺尽快回复。同时，留下来电者姓名、联络电话，如有上级负责人在场可要求协助解答。在应对客户投诉时绝对不允许对客户说以下话语：

"不关我们的事，属于安装责任或产品问题。"

"我们没办法，你找安装（或其他部门）去。"

"已经上报，还没有回复或已经上报，公司无人管。"

"安装遗留问题，没办法解决。"

"公司没材料，等有材料才有得修。"

（5）如遇故意刁难的客户，员工更应该耐心聆听对方，控制自己的情绪，找出对方不满的问题及原因，并留下来电者的姓名及联络电话，提出解决方法以及获取更多的信息，了解对方希望达到的效果，通过商讨解决方法，令对方相信会有跟进处理。

（6）在接听电话中，如对方要求接听者报出姓名，接听者不得拒绝。对话完毕后，要先确定对方已收线，才可以挂断电话。

在进行保养、维护工作时要做到以下几点：

（1）如未能在预定时间内准时到达大厦进行工作，必须先致电客户，说明未能准时到达的原因及估计会何时到达，同时询问是否允许工作或另约时间进行工作。

（2）到达大厦保养维修时，先要与管理员问好，通知管理员即将进行的工作性质及机号，询问管理员对电梯、电扶梯运行是否存在问题，再加以处理，如不能处理也要通知大厦管理员，并报备公司跟进。

例如，"您好！今天我们对贵小区/大楼××号电梯进行例行保养作业""请问贵处电梯在平时使用中有无异常情况出现，谢谢！""我们会尽快处理的。"

（3）工具、物件或围栏原则上不应寄存在管理处，如有需要暂时寄存，要先咨询大厦管理方同意，另商量在何处放好以免阻碍他人。贵重仪器不能存放管理处，避免丢失引起责任问题。

（4）如在保养工作中发现有更换配件需要或需要通知管理处时，应客气地向其提出并解释。

（5）在大厦工作时不要粗言秽语、大声说话，避免影响住客。工作时，不要弄脏墙壁、地面，尤其是有地毯的地方，应先做好预防保护，如不慎弄脏，须立即清理。工作中，不可将材料、零件及垃圾随地乱放，工作完成后要及时清理现场及垃圾，如有大量垃圾，不可丢弃在大厦走廊的垃圾桶内。

（6）不可弄坏大厦的设备或物件，如不小心损坏，应诚恳、详细地向管理方解释原因并向公司报告，研究解决办法。

（7）在电梯轿顶检查外门时，切勿突然将门拉开，以免吓到在走廊等电梯的住客，应先小心将门打开少许，待观察外面环境后，再继续打开门。

（8）如在进行门口位置保养检查作业时，发现门外有住客等电梯，应说，"对不起，正在例行检查电梯，请搭乘另一台电梯（或告知预计等候的时间），不好意思"。

（9）如有住客或管理员在现场向保养员投诉电梯运作不良，必须耐心聆听并及时处理。

（10）如未能处理问题，必须答复会做好跟进并报告公司，不要不理不睬或让客户自行致电公司。应在客户的立场上，体会其感受，前线员工是公司的代表，如员工要求客户致电公司，客户会认为员工不愿意协助跟进，从而引起客户不满。

（11）在保养或检查工作时，遇到住客或访客想使用电梯，应客气及有礼貌地解释电梯正在例行保养中，请使用其他电梯。如未开始工作，应尽量方便乘客使用电梯。例如，"先生/女士，对不起，这部电梯还没有加油，麻烦你用隔壁那台""先生/女士，对不起，这部电梯在做例行加油，还有十分钟就做完，麻烦你等一会，不好意思"

（12）如保养工作中，有住客或儿童走进观看，应告知其危险性并礼貌地劝告其离开。

（13）在大厦范围内，切勿探查周围与工作无关的地方，以免客户误会你有不轨行为，如有需要，必须事前通知管理处，并得到同意后，方可使用。

（14）在大厦工作中，每次使用大厦的设备或物件，如洗手间、扫把、垃圾铲等其他物品前，必须事前通知管理处，并得到同意后，方可使用。

（15）在大厦工作中如有短暂离开时，如外出就餐，机房钥匙必须交回管理处并通知管理员外出。工作完成离开时，也必须确保交还所有钥匙。

（16）因等待零件或客户允许停机的时间还没到时，员工必须准时赶回工作岗位，找其他工作做，切勿令客户感觉员工偷懒不工作或没有充分利用工作时间。如等待时间太久，必须请示上级指示后，再与客户协商。

（17）在保养维修工作结束后，必须认真填写保养维修操作指示书，同时告知管理员所保养维修的电梯已经作业完成并恢复正常使用。通知下次保养的时间和电梯号，最终请管理员对保养维修操作指示书进行确认。

例如，"×经理，您好！我们保养工作完成了，请问还有什么可以帮到您的吗？""请帮我们确认一下（签字），谢谢！""我们下次的保养日期是××，再见！"

（18）如大厦电梯出现故障，在维修过程中遇到媒体采访或住户的质问时，要代表公司对自己的言行负责，要有企业荣誉感，不能有损公司形象。可回复正在调查处理中，不便接受访问。（例如，"我司将有更高级的技术人员解决或公司会派人员尽快解决""待完成调查结束我司公共关系部门会发布调查结果"等）

必须时刻牢记，维护保养人员自身的言行不单代表个人，更代表着公司。客户的不满绝大多数是沟通不足导致，所以必须礼貌待人，以诚待人，让客户感受到优质的服务和我方解决问题的决心。

第四章

电梯轿厢和门系统维护保养规范

导读： 电梯的轿厢和门系统主要包括轿厢门、轿厢、轿门锁、厅门及厅门锁等部件和系统，该部分运动频繁，极易产生故障，电梯作业人员应高度重视这些部件和系统的维护保养工作。本章内容主要讲解进出轿顶、轿厢的维护保养、门系统的维护保养等规范。

本章内容主要从图 4-1 所示几个方面展开叙述。

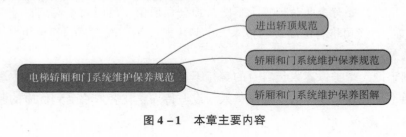

图 4-1　本章主要内容

第一节　进出轿顶规范

进出轿顶规范是为了安全进出轿顶而制定的，它提供了找到轿厢位置，进入轿顶前检查控制系统，直到安全地离开轿顶前保持设备的受控状态的方法。

标准姿势（以右手操作为例）：身体下蹲，左手选择可靠的地方把扶，将身体重心放在左腿上，伸出右腿顶住右侧的厅门，右手即可自由操作。

一、进出轿顶规范

1. 进轿顶规范

（1）放置警示护栏。

（2）确保电梯轿厢内无人。

（3）将电梯呼到要上轿顶的层楼，在轿厢内打两个下方向指令（下一层和最底层），将电梯停到适当位置（能较容易进入轿顶位置）。

（4）打开厅门 100 mm，放入顶门器拧紧，按外呼按钮，等 10 s，测试厅门门锁回路是否有效（可从厅门缝观察，确认电梯是否移动）。

（5）操作者站在厅门地坎处，确认急停开关容易被接触到（急停开关距离厅门 750 mm 以内）。

（6）按急停开关，使轿厢处于停止状态，打开 36 V 灯照明，拿开顶门器关闭厅门，按外呼按钮，等 10 s，测试急停开关是否有效（可从厅门缝观察，确认电梯是否移动）。

（7）打开厅门，用安全的姿势放顶门器。

（8）将检修开关拨至"检修（INS）"位置，急停复位，使轿厢处于检修状态，拿开顶门器，关闭厅门，按外呼按钮，等 10 s，测试检修开关是否有效（可从厅门缝观察，确认电梯是否移动）。

（9）打开厅门，用标准姿势放顶门器。按急停开关使电梯处于停止状态，拿掉顶门器进入轿顶。

（10）员工站在轿顶安全、稳固、便于操作检修开关的地方，关闭厅门。

（11）急停开关复位，验证检修控制盒上的"下行＋公用＝电梯下行"，"上行＋公用＝电梯上行"，验证符合要求时，动作急停开关，作业人员开始工作。

备注：

（1）超过两人以上在轿顶工作时，必须经总经理审批；

（2）在井道必须戴安全帽；

（3）过轿顶横梁时要跨过横梁，横梁较高时可从下面穿过；跨、穿不过横梁时需要使用安全短绳。

2. 出轿顶规范

（1）同一楼层出轿顶

①将电梯停到适当位置；

②将轿顶急停开关按到"停止"状态；

③打开厅门，走出轿顶，用标准姿势放顶门器；

④将轿顶检修复位，关闭 36 V 灯照明，将急停开关复位；

⑤关闭厅门，确认电梯正常，移走防护栏，结束工作，交给用户使用。

（2）不在同一楼层出轿顶

①将电梯停到适当位置；

②将轿顶急停开关按下到"停止"状态；

③打开厅门 100 mm，对外呼喊"电梯在保养，请勿靠近"，提醒乘客避让；

④放顶门器复位急停开关，点动慢车开关，验证门锁回路有效；

⑤按下急停开关然后打开厅门，走出轿顶，用标准姿势放顶门器；

⑥将轿顶检修复位，关闭 36 V 灯照明，复位急停开关；

⑦关闭厅门，确认电梯正常，移走防护栏，结束工作，交给用户使用。

注意：离开轿顶前，急停开关必须处于"停止"状态，检修开关必须处于"检修"状态，照明灯必须处于开启状态。

二、进出无标准轿顶护栏，或者存在轿顶坠落风险的电梯轿顶规范

1. 进轿顶规范

（1）按照步骤验证门锁回路，急停开关，检修开关是否有效；

（2）穿戴安全短绳，调节短绳长度，将其活动范围限制在 1～2 m；

（3）进入轿顶后，将安全短绳连接到标有负荷标识的轿顶锚钩；

（4）确认安全短绳与电梯其他部件无钩挂，然后点动验证慢车开关是否有效；

（5）确认各项无误后方可开始工作；

（6）如需要移动轿厢，应先将短绳从轿顶锚钩摘下，并确认与电梯其他部件无钩挂，然后慢车运行轿厢至合适位置。

2. 出轿顶规范

（1）异层出轿顶须先验证厅门有效；

（2）出轿顶前，先将短绳从轿顶锚钩中取下，并确认与电梯其他部件无钩挂，然后出轿顶。

注意：绝不能在短绳与轿顶锚钩相连的情况下运行轿厢！

三、进出有标准轿顶护栏，但无法使用外呼（没有安装外呼或外呼不能正常工作）的单台、并联或群控电梯轿顶规范

本操作过程必须由两名员工配合完成，并随时保持清晰有效的沟通。

（1）在进入层厅门口放置警示护栏，防止其他人员进入。

（2）员工 A 进入轿厢，选两个下方向命令（进入层的下一层和最底层）。员工 B 进入轿顶，员工 A 将始终待在轿厢里，听取员工 B 的指令，并配合其工作，直到员工 B 要求自己离开轿厢为止。

（3）员工 B 在轿厢向下运行的时候，找准时机，用电梯钥匙打开厅门，将轿厢停在便于够到急停开关并可以进入轿顶的位置。

（4）放入门阻止器，将厅门关到最小，员工 B 指示员工 A 再次按下最底层的内选按钮

（无论该内选按钮是否保持），员工 A 重复员工 B 的指令，并持续按该内选按钮 10 s，10 s 后通知员工 B，员工 B 确认轿箱在厅门门锁打开时静止不动（轿门此时处于关闭状态）。

进入层的厅门门锁目前就测试和确认完了。

（5）员工 B 重新打开厅门，用标准姿势放入门阻止器并锁紧，将厅门保持在全开的位置。

（6）将轿顶急停开关置于"停止"状态。

（7）员工 B 用标准姿势取出门阻止器，让厅门闭合。

（8）在厅门闭合的情况下，员工 B 指示员工 A 按下最底层的内选按钮（无论该内选按钮是否保持），员工 A 重复员工 B 的指令，并持续按该内选按钮 10 s，10 s 后通知员工 B。

（9）员工 B 重新将厅门打开不超过肩宽，确认轿厢没有移动。

轿顶急停开关目前就测试和确认完了。

（10）员工 B 打开厅门，用标准姿势放入门阻止器并锁紧，将厅门保持在全开的位置。

（11）员工 B 打开轿顶照明。

（12）员工 B 将轿顶检修开关置于"检修"状态；将轿顶急停开关置于"运行"状态。

（13）员工 B 用标准姿势取出门阻止器，让厅门闭合。

（14）在厅门闭合的情况下，员工 B 指示员工 A 按下最底层的内选按钮（无论该内选按钮是否保持），员工 A 重复员工 B 的指令，并持续按该内选按钮 10 s，10 s 后通知员工 B。

（15）员工 B 重新将厅门打开不超过肩宽，确认轿厢没有移动。

轿顶检修开关目前就测试和确认完了。

（16）员工 B 打开厅门，用标准姿势放入门阻止器并锁紧，将厅门保持在全开的位置。

（17）员工 B 将急停开关置于"停止"状态。

现在可以安全进入轿顶了。

（18）员工 B 用标准姿势取出门阻止器，进入轿顶，选择安全的位置站立，关闭厅门。

（19）员工 B 将轿顶急停开关置于"运行"状态。

（20）员工 B 单独按"下行"按钮，确认轿厢不移动；单独按"上行"按钮，确认轿厢不移动；由此确认"公用"按钮操作正常。

（21）员工 B 同时按"下行"和"公用"按钮，确认轿厢向下运行；同时按"上行"和"公用"按钮，确认轿厢向上运行；由此确认轿顶检修按钮操作正常。

（22）员工 B 将电梯检修运行到进入层（如果是最高层，注意顶层高度）平层位置，将轿顶急停开关置于"停止"状态，手动操作门电动机打开厅门，放员工 A 出去。

现在可以安全在轿顶工作了。

在轿顶进行工作时须注意：

（1）轿顶检修开关始终保持在"检修"状态；

（2）如果不需要移动轿厢时，轿顶急停开关必须保持在"停止"状态。

四、进出装有标准轿顶护栏，处于检修状态下的电梯轿顶规范

本操作过程必须由两名员工配合完成，并随时保持清晰有效的沟通。

（1）员工 A 在需要进入的楼层口放置警示护栏，防止其他人员进入。

（2）员工 B 用机房检修将轿厢运行到员工 A 需要进入的楼层。

（3）员工 A 用电梯钥匙打开厅门，放入门阻止器，将厅门关到最小（80 mm）。

（4）员工 A 指示员工 B 检修向下运行电梯并保持 10 s，员工 B 重复指令并遵照操作。

（5）等待 10 s，员工 A 确认轿厢在厅门门锁打开时静止不动（轿门此时处于关闭状态）。

进入层的厅门门锁目前就测试和确认完了。

（6）员工 A 重新打开厅门，用标准姿势放入门阻止器并锁紧，将厅门保持在全开的位置。

（7）员工 A 将轿顶急停开关置于"停止"状态。

（8）员工 A 用标准姿势取出门阻止器，让厅门闭合。

（9）员工 A 指示员工 B 检修向下运行电梯并保持 10 s，员工 B 重复指令并遵照操作。

（10）等待 10 s，员工 A 重新将厅门打开不超过肩宽，确认轿厢没有移动。

轿顶急停开关目前就测试和确认完了。

（11）员工 A 打开厅门，用标准姿势放入门阻止器并锁紧，将厅门保持在全开的位置。

（12）员工 A 打开轿顶照明。

（13）员工 A 将轿顶检修开关置于"检修"状态；将轿顶急停开关置于"运行"状态。

（14）员工 A 用标准姿势取出门阻止器，让厅门闭合。

（15）员工 A 指示员工 B 检修向下运行电梯并保持 10 s，员工 B 重复指令并遵照操作。

（16）等待 10 s，员工 A 重新将厅门打开不超过肩宽，确认轿厢没有移动。

轿顶检修开关目前就测试和确认完了。

（17）员工 A 打开厅门，用标准姿势放入门阻止器并锁紧，将厅门保持在全开的位置。

（18）员工 A 将轿顶急停开关置于"停止"状态。

现在可以安全进入轿顶了。

（19）员工 A 用标准姿势取出门阻止器，进入轿顶选择安全位置站立，关闭厅门。

（20）员工 A 将轿顶急停开关置于"运行"状态。

（21）员工 A 单独按"下行"按钮，确认轿厢不移动；单独按"上行"按钮，确认轿厢不移动；由此确认"公用"按钮操作正常。

（22）员工 A 同时按"下行"和"公用"按钮，确认轿厢向下运行；同时按"上行"和"公用"按钮，确认轿厢向上运行；由此确认轿顶检修按钮操作正常。

现在可以安全在轿顶工作了。

在轿顶进行工作时需注意：

（1）轿顶检修开关始终保持在"检修"状态；

（2）如果不需要移动轿厢时，轿顶急停开关必须保持在"停止"状态。

五、进出轿顶图示

1. 按下一层及最低层内呼按钮

寻找适当的进入层进入轿厢，进入轿厢按下一层及最低层内呼按钮，如图 4 - 2 所示，然后退出轿厢。

图 4 - 2　按下一层及最低层内呼按钮

2. 测试门锁

测试门锁的过程如图 4 - 3 所示，放好顶门器后按层门外呼按钮并等候 10 s。

（a）　　　　　　　　　　　（b）　　　　　　　　　　　（c）

图 4 - 3　测试门锁

（a）让电梯在下行时撬门；（b）放置顶门器；（c）顶门器位置示意图

3. 验证急停开关

验证急停开关的过程如图 4 - 4 所示，关门后按层门外呼按钮并等 10 s。

图 4 – 4　验证急停开关的过程

（a）固定顶门器；（b）扶稳探入井道；（c）按急停按钮；（d）按层门外呼按钮

4. 开灯并验证检修开关

开灯并验证检修开关的过程如图 4 – 5 所示，按层门外呼按钮后等 10 s。

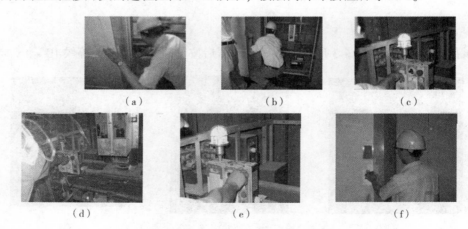

图 4 – 5　开灯并验证检修开关的过程

（a）固定顶门器；（b）扶稳探入井道；（c）按急停按钮；

（d）开关置"检修"位置；（e）恢复急停按钮；（f）按层门外呼按钮

5. 安全进入轿顶

安全进入轿顶的过程如图 4 – 6 所示。进入轿顶后，寻找安全位置站好，随后关闭层门。

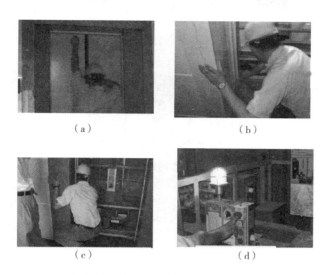

图4-6　安全进入轿顶的过程

（a）重新打开层门；（b）固定顶门器；

（c）扶稳探入井道；（d）按下急停按钮

6. 验证上下行

验证上下行的过程如图4-7所示。在确认一切正常后，即可在轿顶安全开展工作。

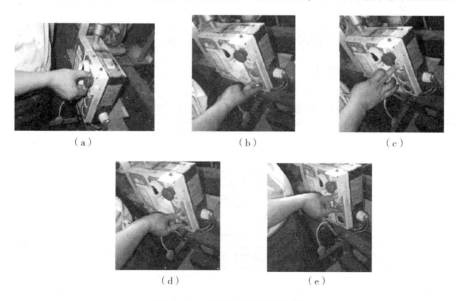

图4-7　验证上下行的过程

（a）把急停恢复到运行状态；（b）按单个"下行"；（c）按单个"上行"；

（d）同时按"公用"和"下行"，让轿厢下行20 cm左右；

（e）同时按"公用"和"上行"，让轿厢上行20 cm左右

7. 在轿顶工作过程必须始终保持电梯处于检修状态（见图4-8）

图4-8　工作时保持检修状态

8. 电梯无须移动时应立即把急停开关设置于停止位置

第二节　轿厢和门系统维护保养规范

一、进入轿顶

参照第一节进轿顶规范。

二、清洁井道部件流程表

应从井道上部开始依次清洁，具体清洁部位、工具注意事项和保养周期如表4-1所示。

表4-1　井道清洁部位、工具、注意事项和保养周期

清洁部位	工具	注意事项	保养周期
导轨支架	毛刷、棉布	应用盒体接住导轨支架内部的垃圾	6个月
开关支架	毛刷	清洁开关支架的同时清洁开关表面	6个月
层门门头上部	毛刷、棉布	清洁前应用胶带纸密封进线口	1个月
层门滑道	毛刷	应打开防尘盖板	15天
层门背面	毛刷、棉布	应用盒体接住加强筋处的垃圾	6个月
层门地坎	毛刷	清洁地坎时检查导槽有无毛刺，如有应用锉刀清理	15天
导靴、油盒	棉布	包括对重的导靴和油盒；检查油线吸油情况	1个月
轿顶	毛刷、棉布	轿厢在最底层时清洁，清洁轿顶前应将轿顶的孔用胶带纸密封	3个月
门电动机系统			1个月
轿坎	毛刷	清洁地坎时检查导槽有无毛刺，如有应用锉刀清理	15天
导轨	棉布	清洗导轨时应检查导轨表面，如有毛刺应先用锉刀修平再用油石磨光	6个月
备注：应用煤油清洗			

三、检查轿顶安全开关

检查急停开关、安全钳开关（载重 1 t、速度不小于 2 m/s 除货梯外的电梯有）、安全窗（如有）开关工作是否有效；电梯检修运行，人为动作开关，此时电梯应立即停止运行（开关至少动作两次）；紧固强换开关、限位开关、极限开关的螺丝。

四、从上到下逐层检查层门

层门系统故障是电梯故障多发区，层门开启、闭合时的平稳度也是故障与否最直观的体现，所以检查和调整层门在维护保养中占较大比重；层门调整的好与坏，直接关系到电梯故障发生率和用户对产品的评价。

（1）紧固门头所有螺栓，3 个月为一个周期。

（2）检查层门电气连锁是否正常；电梯检修运行，用手直接向上拨动钩子锁锁轮，电梯应立即停止运行；将烟盒的外包装纸放置在副触点之间，电梯应不能运行。

（3）检查层门自闭功能是否正常。完全打开厅门，手轻轻放开，厅门应该能够自行完全闭合且门锁回路接通。打开厅门，在厅门接触锁钩时用手阻挡，再轻轻放开，厅门应该能够自行完全闭合；

（4）检查机械锁是否正常。用层门钥匙开锁释放后，三角锁应能自动复位。

（5）调整门锁如下：

①调整门吊板上主锁钩与主板上副锁钩的相对位置，同时要保证主触点的压缩行程为（4±1）mm；调整时用钢直尺测量触点压缩行程。

②调整动触头板与左锁盒的相对位置来调整副触点的压缩行程，保证压缩行程为（4±1）mm；调整时用钢直尺测量触点压缩行程。

③层门关好后，无论何种门锁均应将门锁住，为使其动作灵活，锁钩上留有 2 mm 活动间隙，锁钩啮合深度不小于 7 mm。

④检查钩子锁轴承是否灵活。上下扳动钩子锁锁轮，轴承应灵活，否则应用煤油清洗。

（6）调整门楣与层门、层门与立柱、层门与地坎之间距离。

①松开层门与门吊板之间的连接螺栓，通过层门上的长条孔前后移动来调整门楣与层门、门扇与门扇、层门上部与立柱之间的间隙。

②松开门导靴与门板之间的连接螺栓，通过加、减垫片来调整门板下部与门立柱之间的间隙。

③松开层门与门吊板之间的连接螺栓，通过加、减垫片来调整门板与地坎之间的间隙。

④松开层门与门吊板之间的连接螺栓并调整关门减震垫、门扇的中缝；调整后应保证层门与门楣、层门与门立柱、层门下端与地坎之间的间隙满足：客梯 2~6 mm；货梯 2~8 mm；层门与层门平面度在 1 mm 内；门缝在 1 mm 以内。

⑤检查门导轨与偏心轮之间的间隙。在门导轨与偏心轮之间加厚度为 0.25 mm 的垫片，此时将偏心轮紧固螺栓锁紧。锁紧后在层门下端用力扒门，用钢直尺测量扒门量应小于30 mm，对中分门总和不大于 45 mm。

⑥检查调整层门连锁机构。观察层门连锁各导向轮动作是否灵活、无卡阻现象；检查联

动钢丝绳是否有断丝、生锈现象；调整后应保证层门开启、闭合时应平稳无撞击声和其他噪声。

五、检查门电动机

（1）紧固门电动机各连接螺栓。包括门电动机拉杆螺栓、紧固门电动机与底座螺栓、门电动机拐壁的连接螺栓、门刀与轿门连接螺栓、门电动机变频器各接线螺丝等。

（2）检查门刀与地坎之间的间隙。逐层检查门刀与地坎之间的距离，应保证在 5～8 mm，并记录数值。

（3）检查门刀铅垂度。用磁力线坠靠在门刀的边沿正面，目测上、下沿距离是否一致；用磁力线坠靠在门刀的侧面，目测上、下沿距离是否一致。

（4）检查轿门电气连锁是否正常。分别松开门开关的顶板，电梯检修运行时应不能启动；试验后将顶板调整固定好。

（5）检查轿门在开启、闭合时是否灵活、无异常响声。将门电动机控制器置于手动状态，一直按住开门或关门按钮，观察轿门开启、闭合时是否平稳顺畅、无异常响声。

（6）检查轿坎与门轮之间的间隙是否符合要求。电梯检修运行，直至将轿坎和门轮开到同一平面上，用钢板尺测量门轮与轿坎之间的间隙，应保证在 5～10 mm。

六、检查导靴间隙和靴衬磨损程度、紧固导靴与固定座的连接螺栓

（1）将电梯轿厢开至与对重平齐时，分别紧固轿厢导靴和对重导靴的连接螺栓。

（2）检查轿厢上部导靴时，人站在轿顶中间位置，两腿分开，左右晃动轿厢来感觉轿厢上导靴正面的间隙，如太紧或太松都应调整导靴的位置；前后晃动轿厢来感觉导靴两侧与导轨的间隙，如间隙过大应更换导靴靴衬。

（3）检查轿厢下导靴间隙时，人应站在轿厢内，检查方法同上。

（4）检查对重导靴间隙时，人站在轿顶保持好重心，双手分别把住对重的上部或下部，左右或前后晃动，检查方法同上。

七、检查油盒内的油质、油量

（1）检查油盒内油量，应保证油盒内至少有 2/3 的油量；油盒内的润滑脂应用厂家指定的导轨润滑脂。

（2）检查导油棉线是否完好，油线是否与导轨面有效接触。

八、检查返绳轮垂直度

（1）将磁力线坠吸在曳引轮上方，先在返绳轮上方边缘用垫片或螺帽支起 10 mm 的高度，稳固线锤后，用钢直尺测量上、下端距离差，应保证在 0～1 mm。

（2）用加油枪对准返绳轮的加油嘴开始注油，直至润滑脂从轴承密封圈处向外溢出，表示油已注满；每半年加油一次。

第三节 轿厢和门系统维护保养图解

根据《电梯维护保养规范》（TSG T5002—2017）规定，电梯轿厢和门系统的维护保养比较繁多，本节把电梯轿厢和门系统的维护保养项目拆分说明。

一、轿厢检查及调整

电梯设备在安装完毕后，应当按照标准规定程序进行必要的检查及调整。轿厢的主要检查和调整内容如表4-2所示。

表4-2 轿厢的主要检查和调整内容

项目	图示	标准	说明
远程监控设备		远程监控设备运行正常	1. 确认采集板数显为"1 * *"或"2 * *"。 2. 确认终端LED1、2、3闪烁
轿厢照明、风扇、应急照明	 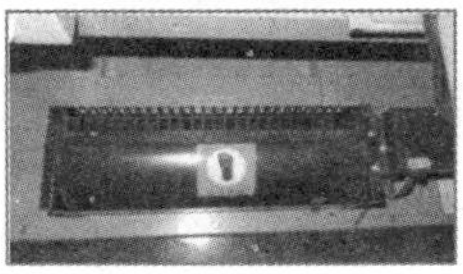	1. 风扇工作正常，通风口不能有碎石等杂物堵塞（安装有空调的轿厢，空调能正常工作）。 2. 照明灯工作正常，灯管无缺失，轿内保证足够亮度。 3. 应急照明灯能正常工作。 4. 吊顶/装饰板固定可靠，无脱落	1. 确认风扇（空调）工作正常，扇叶运转无异常摩擦声。 2. 确认照明灯工作正常，无缺失。 3. 机房低压供电箱上切断220 V电源，查看轿内应急照明是否正常工作。 4. 用手触动确认吊顶/装饰板是否固定可靠
轿厢检修开关、急停开关		1. 检修开关功能有效。 2. 急停开关功能有效	1. 检修开关置位，在轿厢内可操作电梯检修上下行运行。 2. 急停开关置位，电梯无法正常运行。 注意：保养结束后，须将开关箱盖锁好，防止无关人等误操作使用电梯

项目	图示	标准	说明
轿厢、轿顶清洁、灯罩清洁		1. 轿厢整洁无杂物，内壁板与轿门夹缝处包装胶纸须撕除。 2. 照明灯罩整洁，无因灯具线路脱落显现的明显阴影。 3. 轿顶整洁无多余配件。 4. 轿顶36 V照明灯工作正常	1. 清除轿厢内杂物。撕除多余包装胶纸，用干净抹布擦拭灯罩，确认照明灯罩整洁无阴影。 2. 进入轿顶，电梯得到有效控制时清洁轿顶杂物。 3. 确认轿顶照明灯工作正常
轿内报警装置、对讲系统		五方通话设备功能正常	在轿厢内按呼叫警铃，必须能与机房、轿顶、底坑及监控中心清晰通话
轿内显示、指令按钮	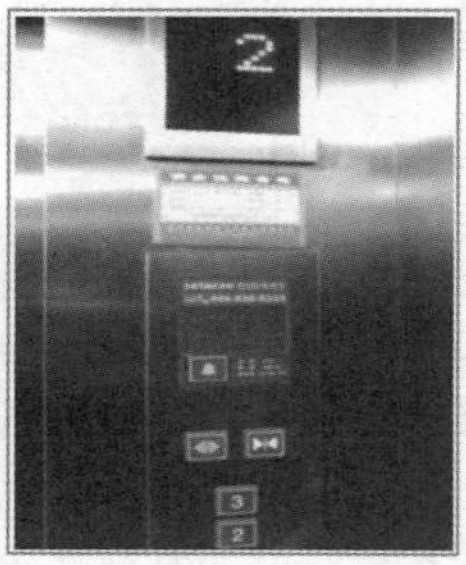	1. 楼层数码显示正确，无缺损/断码现象。 2. 轿内召唤按钮工作正常，无卡死现象。 3. 报修热线牌、合格证齐全并张贴在正确位置，无破损	1. 确认楼层数码显示是否正常。 2. 电梯正常运行时，依次按下操纵箱各层指令按钮，观察各层按钮灯是否点亮及电梯是否按指令信号停站并销号。 3. 确认合格证及报修热线牌齐全无破损
轿门门锁电气触点		1. 轿门开关（GS）动作行程2～3 mm。 2. 电气触点无氧化变色、弯曲、开裂、磨损等异常	确认电气触点使用情况，电气动触点接触不良时可用精密仪器清洁剂进行清理，严禁使用砂纸打磨，静触点可用2000#砂纸打磨
验证轿门关闭的电气安全装置（轿门开关）	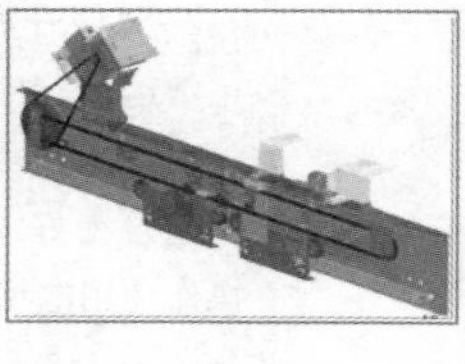	1. 电气开关动作时静触点和动触点有2 mm以上间隙。 2. 电气触点无氧化变色、弯曲、开裂、磨损等异常	确认电气触点使用情况，触点不良时可用精密仪器清洁剂进行清理

项目	图示	标准	说明
轿门安全装置（安全触板、光幕装置、光电装置等）	 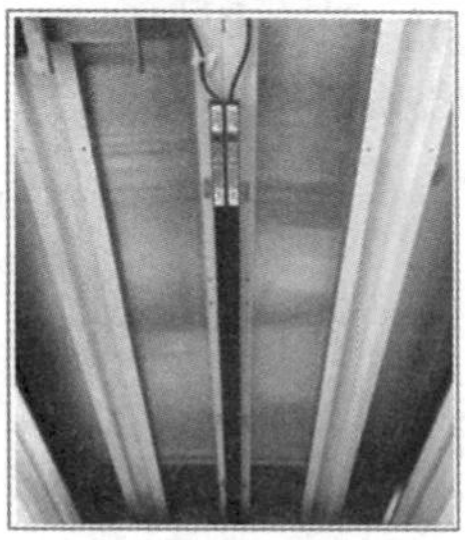 	1. 安全触板： （1）安全触板与轿门端面平行度误差在 3 mm 以内。 （2）安全触板下端面与地坎间隙为（10±3）mm。 （3）轿门关闭后两触板间距为 4mm。 （4）开门到位时安全触板凸出门端面尺寸：单触板为（35±2）mm，双触板为（30±2）mm。 （5）全工作行程，安全触板凹入门端面为 2 mm。 （6）安全触板开关工作行程距离 3～5 mm。 （7）右安全触板活动滚轮在进入动作导槽时，滚轮下端面与导槽的间隙为 3 mm。 （8）安全触板走线合理，防止电缆被扯断。 （9）导槽边与提升支架的间隙为 7 mm。 （10）安全触板开关部位保持清洁，防止灰尘过多致开关不动作。 2. 光幕装置： （1）安装正确，两片光幕在门关闭时凹进轿门边框 2 mm。 （2）光幕下端离地坎 20～50 mm。 （3）两片光幕高度相差不大于 1 mm；垂直度不大于 2 mm。 （4）光幕动作可靠、有效。 （5）走线合理、接地可靠。 3. 光电装置： 反光板与发光器安装螺栓旋紧，位置平齐	光电/光幕装置检查： 1. 清除发光器、反光板表面的灰尘，旋紧安装螺栓。 2. 确认发光器及反光板的安装位置，保证电梯能正常开关门。 3. 正常开关门时，用物件遮挡光束轿门应立即打开
轿门开启和关闭		1. 轿门开关顺畅无碰撞异响。 2. 轿门系统各安装螺栓紧固。 3. 轿门导轨清洁	1. 电梯有效控制时，确认轿门开关门过程是否有异常。 2. 用干净抹布清洁门电动机、轿门传动机构、轿门导轨、门挂板及门扇等部位。 3. 对门系统元件的安装螺栓逐一紧固

项目	图示	标准	说明
轿厢平层精度		1. 客梯：±5 mm。 2. 货梯：±10 mm	电梯正常平层后，使用两把直尺测量平层精度
轿顶、防护栏	 	1. 轿顶护栏应固定可靠。 2. 轿顶安全标志齐全（严禁外伸、严禁踩踏）。 3. 安全窗盖固定螺丝紧固，无欠缺。 4. 隔磁板插入深度符合要求且整体相对于感应器分中，两端距离误差：金属隔磁板不大于 1 mm；塑料隔光板不大于 3 mm。 各型号感应器隔磁板插入深度要求： 1. 磁感应器：隔磁板端部与感应器端面距离为（66±2）mm。 2. 光电感应器：隔磁板底面与感应器端面距离为（24±2）mm。 3. GLS－326－HIL 感应器：隔磁板端部与感应器底面距离为（12±2）mm。	1. 进入轿顶，对防护栏固定螺栓紧固。 2. 确认轿顶安全标志齐全。 3. 确认安全窗固定螺丝安装良好。 4. 电梯停在平层位置，用拉尺或钢直尺及线坠确认 FML 感应器和该层的隔磁板相对位置是否上下分中，以及隔磁板垂直度是否偏差。 注意： 1. 由于 FML 感应器厚度分为 25 mm 和 35 mm 两种，调整时应注意。 2. 隔磁板分中调整后须做井道自学习，目的是重新测量各楼层和井道中各开关的位置
轿顶检修开关、急停开关	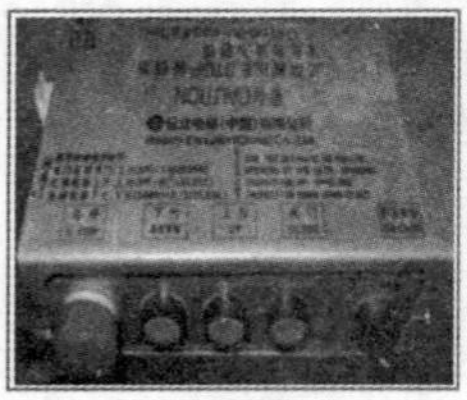	1. 轿顶检修开关正常。 2. 轿顶急停开关正常	1. 进入轿顶将检修开关置位，在轿顶可操作电梯检修上下行运行。 2. 进入轿顶将急停开关置位，电梯无法正常运行
井道照明		1. 井道照明不小于 50 lx，无损坏、缺失，机房和底坑开关控制有效。 2. 井道最高和最低 0.5 m 以内各装设一盏灯，中间最大每隔 7 m 设一盏灯	电梯检修运行时，确认井道照明灯无缺失且工作正常。 注意：在电梯保养作业时，应确保打开井道照明

项目	图示	标准	说明
层站召唤、层楼显示		1. 各楼层数码显示能正确显示轿厢位置，无缺损断码现象。 2. 各楼层召唤按钮正常。 3. 各楼层报站灯/到站钟正常	电梯正常运行，逐层确认按钮和层楼显示的有效性
层门滑块	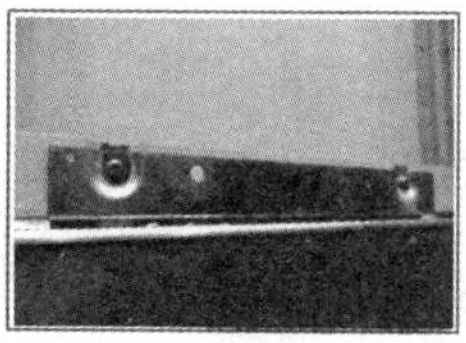	1. 滑块安装支架螺丝紧固。 2. 滑块不能过量磨损。 3. 滑块至少 2/3 在滑槽内。 4. 单扇轿门两滑块不可缺少	电梯检修状态下，逐层目测确认层门滑块使用情况。 注意：1 楼层门使用频率高，故 1 楼层门滑块须重点检查
层门地坎	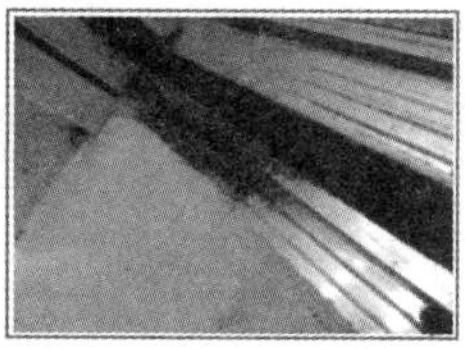	层门地坎整洁、无堆积垃圾、无油污	电梯检修状态下，使用地坎清洁专用铲逐层对层门地坎进行清扫。 注意：清扫地坎时把垃圾扫在垃圾袋内，避免二次污染
层门自动关门装置（自闭力）		打开层门 15 mm（即锁钩到达门锁盒位置）后，放开层门能自动关闭	电梯检修状态下，逐层用手打开层门，确认层门都能有效地自动关闭。 注意：如厅门自闭力不足，应检查厅门安装是否符合工艺要求。例如，门扇变形、地坎槽变形或有异物、厅门上坎安装不良或调整不良等
层门门锁自动复位		层门开锁钥匙与摆杆的间隙为 5 mm	开门锁可以旋转，在厅外用层门（三角）钥匙必须切实能够打开层门

项目	图示	标准	说明
层门门锁电气触点	 	1. 电气触点无磨损和污垢。 2. 主门锁触点超行程距离为（4±1）mm。 3. 副门锁打板与后轮间隙为0.5~1 mm。 4. 副门锁触点超行程距离为2~3 mm。 5. 副门锁开关后凸轮与动作打板强迫分断功能正常	1. 在轿顶运行慢车检查，当运行至层门头时，电梯停止，断开急停开关，手动拉开锁钩，检查层门副门锁后凸轮与打板间隙，检查开关动作是否顺畅，触点压下量是否符合要求。 2. 关门状态下，双手拉两层门扇往开门方向运动（因锁钩限位，只能拉开一段距离），副门锁触点应保持接通。 注意：层门门锁调整方法可参照"层门检查及调整"
层门锁紧元件啮合长度（十字线）	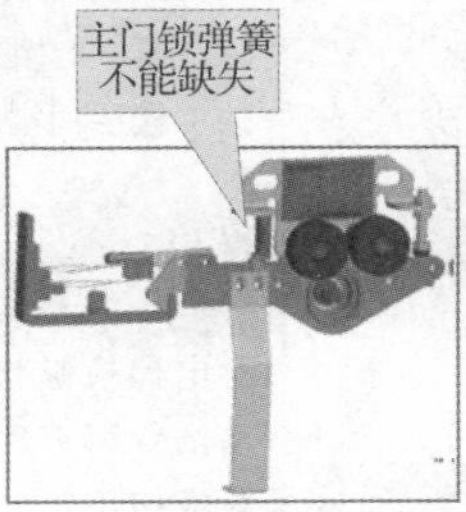	1. 锁钩与锁座间隙横向为（3±1）mm；纵向为（11±1）mm。 2. 可动滚轮收尽时，锁钩与锁座的间隙为3~9 mm。 3. 门锁开关的触点软接触时，锁钩与锁座间隙为7~10.5 mm	1. 在轿顶运行慢车检查，当运行至层门头时，电梯停止，断开急停开关，检查锁钩十字线、主门锁下压量是否符合标准；清洁触点。 2. 检查主门锁弹簧是否有缺失，如有缺失务必补回。 3. 检查在开关门过程中，动触点是否和开关盒发生干涉
层门、轿门系统中传动钢丝绳、链条、胶带		关闭层门，传动钢丝绳张力均匀，松弛量为9.8 N的压力，钢丝绳之间的距离为55~65 mm	电梯检修状态下，逐层使用拉力计确认层门传动钢丝绳张力情况
轿门终端开关（CLS. OLS）	 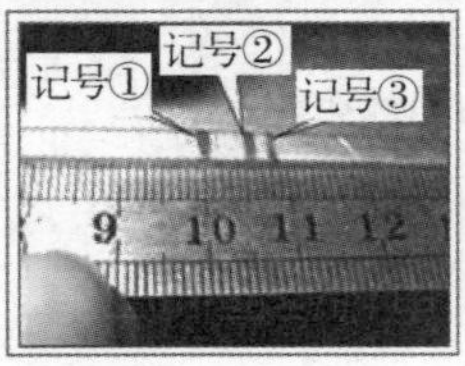	1. 关门极限开关（CLS）。在门完全关闭前距轿门中心线（5±2）mm时断开。 2. 开门极限开关（OLS）。在门完全打开前（5±2）mm时断开。 3. 轿门开关（GS）。在门完全关闭前距轿门中心线（10±1）mm接通。 4. 紧闭装置凸轮与压板处于逼紧状态，用手稍用力可转动滚轮。 5. 轿门锁开关后凸轮与动作打板间隙为0.5~1 mm	1. 将轿门关尽，以轿门吊挂板为准线，在轿门导轨上做第一记号。 2. 稍微打开轿门至CLS开关触点软接触，再以轿门吊挂板为准线在轿门导轨上做第二个记号。 3. 继续打开轿门至轿门开关GS触点软接触。 4. 以轿门吊挂板为准线在轿门导轨上做第三个记号。 5. 用150 mm直尺量度，记号①与记号②的距离应为（5±2）mm，记号①与记号③的距离应为（10±1）mm

项目	图示	标准	说明
门电动机检查（粉末清洁）	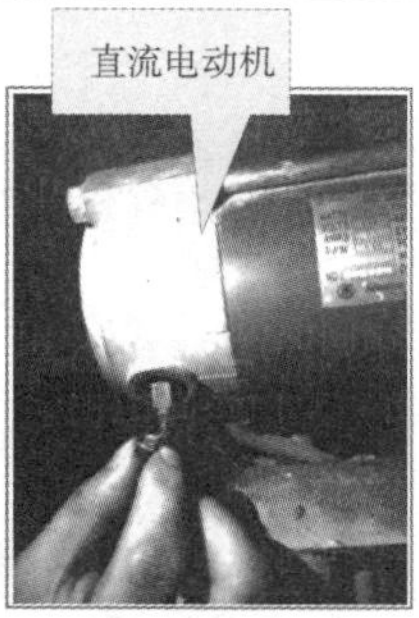 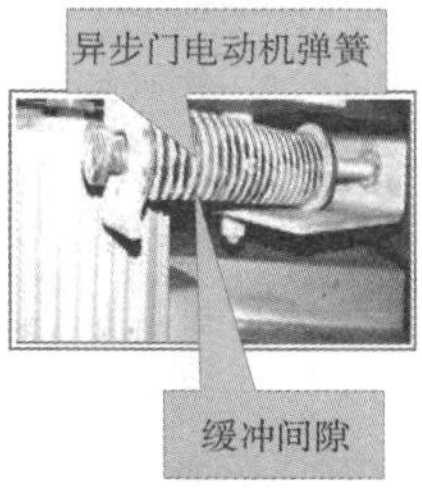  直流电动机 异步门电动机弹簧 缓冲间隙 同步电动机	1. 机械门电动机碳刷磨损量不小于 7 mm。 2. 异步门电动机： （1）开关门顺畅、门电动机轴承无异响（使用年限超过 5 年的电梯，需要重点检查）。 （2）卧式门电动机弹簧长为（130±2）mm（含两端杯盖厚度），缓冲间隙为 6 mm。 （3）竖式门电动机弹簧长为（156±3）mm（含两端杯盖厚度），缓冲间隙为 10 mm。 3. 同步门电动机： 同步门电动机只检查轴承异响	1. 机械门电动机：拔出碳刷用干净抹布进行清洁。 2. 在开关门时，听门电动机轴承是否有异响、杂音（使用超过 5 年的，应重点检查）。 3. 用钢尺测量门电动机弹簧的尺寸（含两端杯盖厚度），须符合工艺要求。 4. 拆开门电动机尾部的旋转编码器保护盖，检查旋编信号线是否被保护盖割伤导致绝缘破损、断裂等异常。 5. 用 2 mm 的内六角扳手检查门电动机旋编的两颗内六角螺丝是否返松。 6. 如门电动机轴承出现异响或杂音，请立即更换
		注意： 1. 如信号线出现干涉，有线路破皮裸露，甚至出现线路断丝受损、请更换旋转编码器。 2. 如信号线未出现严重损伤，请敷设固定至进出轿顶不容易踩踏或碰刷到的位置，且不与保护后盖出现碰刷	
三角皮带检查：门链、链轮清洁、检查、注油	  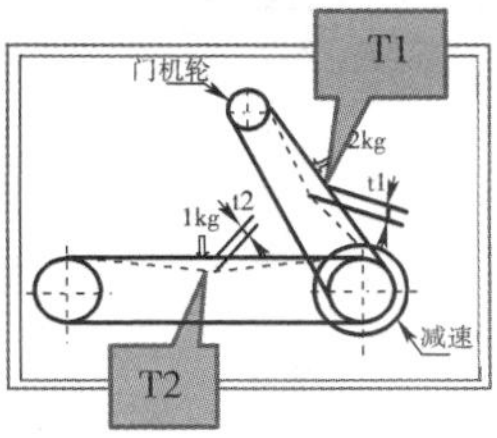 门电动机皮带轮槽有异物积聚 T1 门机轮 2kg 1kg t2 t1 减速 T2	1. 链条无积灰，不脱槽。 2. 链条张力符合要求，以 9.8 N 力压在链上时链条下移量（5±0.5）mm。 3. 门驱动链上定期润滑，防止生锈。 4. 异步门电动机与同步门电动机的三角皮带张力要求	1. 门链、链轮检查： （1）清洁门链、链轮灰尘。 （2）下移量若不良，可通过驱动链调整螺栓上的迫紧螺母进行调整。 （3）门驱动链润滑注油时可以用沾有 N46 机油的抹布涂抹在门驱动链上。 2. 门电动机皮带检查（此项只针对配有机械式的梯型如 GH98 型）： （1）轿门完全打开，用 9.8 N 的力压住轿门三角皮带中间时，测量三角皮带 T2 的位移尺寸。 （2）检查门电动机皮带磨损状况，是否有断筋、破裂。 （3）检查门电动机皮带轮槽是否有异物积聚，防止三角皮带脱槽。 （4）检查门电动机轮与减速轮之间的平面度，如果存在偏心的现象，则须作调整，防止皮带脱槽或断裂造成困人事故。 （5）检查门电动机皮带张紧轮，如果是塑料张紧轮的，重点检查张紧轮上是否存在裂纹、爆裂不良问题

项目	图示	标准	说明
轿门滑块检查		1. 滑块固定支架螺丝紧固。 2. 滑块不能过量磨损。 3. 滑块至少 2/3 在滑槽内；单扇轿门两滑块不可缺少	调整轿门时，确认轿门滑块的磨损情况
曳引绳、补偿绳		曳引钢丝绳磨损量不应大于曳引钢丝绳直径的 8%	1. 使用游标卡尺测量曳引钢丝绳磨损量。 2. 测量时尽量垂直卡在曳引钢丝绳上，卡尺应卡在曳引钢丝绳股的最外端，切勿卡在曳引钢丝绳股之间的间隙上
曳引绳绳头组合	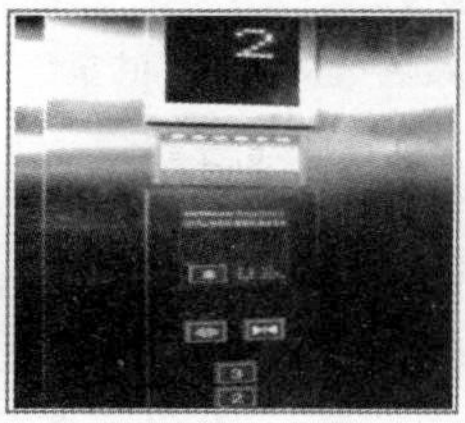	1. 曳引绳绳头弹簧压缩量应基本一致，普通机房单侧测量不大于 2 mm；若井道高度不小于 100 m 时，轿厢侧与对重侧的弹簧值之和的最小、最大偏差不大于 5 mm。 2. 杆尾开口销齐全，并成蝴蝶状为 60°~90°。 3. 锥套锁紧螺母应紧固	1. 通过锥套锁紧螺母调整各锥套弹簧的压量长度。 2. 反复运行电梯多次（从最低层到最高层），再次检查锥套弹簧压缩长度偏差是否符合要求，确认后拧紧锥套锁紧螺母
限速器钢丝绳		1. 磨损量不应大于限速器钢丝绳直径的 8%。 2. 限速器钢丝绳连接 U 形夹应锁紧，U 形环扣不能扣在主钢丝绳上，锁紧螺母应在轿厢侧。 3. 无机房电梯限速器钢丝绳连接 U 形夹，上端部锁紧螺母固定在轿厢的反侧面，下端部锁紧螺母固定在限速器的反侧面	1. 使用游标卡尺测量限速器钢丝绳磨损量。 2. 测量时尽量垂直卡在限速器钢丝绳上，卡尺应卡在钢丝绳股的最外端，切勿卡在钢丝绳股之间的间隙上。 3. 确认 U 形夹螺母安装符合要求
井道、对重、轿顶各滑轮轴承部		1. 运行无异常声音、振动，润滑良好。 2. 反绳轮防护胶无残缺，对旋转部件防护有效	电梯检修运行时，确认各滑轮动作平稳、无异声、无振动

项目	图示	标准	说明
层门、轿门门扇	 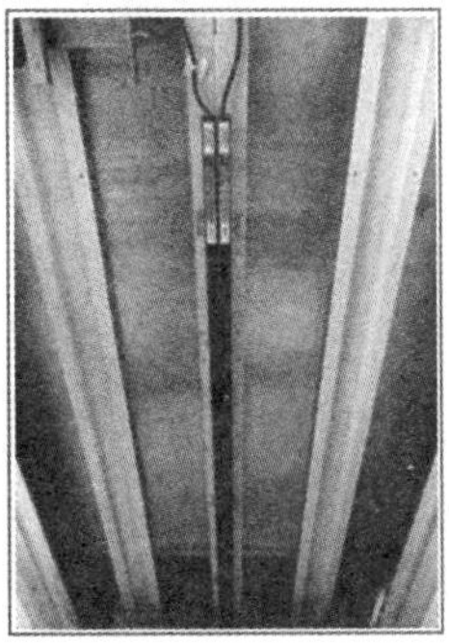	1. 轿门门扇： （1）轿门门扇无刮花现象。 （2）轿门门扇 A、V 现象差值不大于 2 mm。如有倾斜，只能 A 形不能 V 形。 （3）轿门门扇分中偏差不大于 1 mm。 （4）轿门开尽后凹入门立柱 15～20 mm。 （5）轿门门扇与门立柱间隙为（5±1）mm。 （6）轿门门扇与地坎间隙为（5±1）mm。 （7）轿门限位轮与门导轨下端间隙为 0.3～0.7 mm。 2. 层门门扇： （1）层门扇无刮花现象。 （2）层门扇与门套间隙为（5±1）mm（如间隙小于标准，应立即调整，以防损坏层门表面）。 （3）层门门扇 A、V 现象差值不大于 2 mm。如有倾斜，只能 A 形不能 V 形。 （4）层门门扇分中偏差不大于 1 mm。 （5）层门门扇与地坎间隙为（5±1）mm	1. 检查 4 个门挂板滚轮橡胶是否有老化、裂痕、脱落现象；用手触摸，应无脱胶感觉。 2. 轿门导轨无阻挡物和尘垢。 3. 开关门过程中，限位轮无异响、生锈，用多片塞尺在观察孔处测量门导轨与限位轮间隙。 4. 吊挂板与门扇固定螺栓、厅门头导轨固定螺母紧固无松动。 5. 层门救命绳的末端固定到层门边框外侧，线耳与固定螺母有 1～2 mm 间隙。救命绳长度适中，无过松或过紧现象
层门导轨清洁		层门导轨整洁、无污垢，保证开关门顺畅、平滑	1. 电梯检修运行时，使用干净抹布逐层清洁尘埃及油污。 2. 清扫时应特别注意门关闭端和打开端的吊挂板的滚轮位置上不能有积垢。必要时用 400 #砂纸打磨
限位轮间隙检查	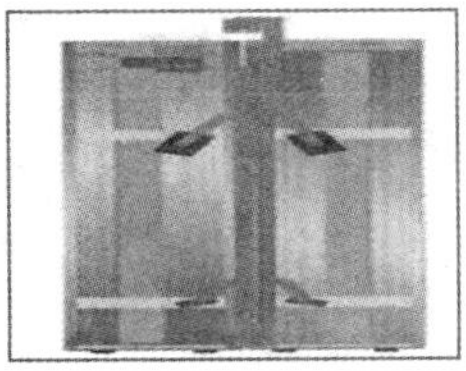	1. 限位轮和导轨间隙为 0.3～0.7 mm，且转动灵活。 2. 吊挂板的滚轮橡胶无裂痕、无脱落。 3. 吊挂板与门扇固定螺栓紧固	1. 电梯检修运行时，使用塞尺逐层对限位轮和导轨间隙进行测量，同时用手可以转动限位轮。动作不灵活时需用注油枪加 N46 # 机油润滑限位轮轴承。 2. 确认吊门滚轮橡胶使用情况

项目	图示	标准	说明
轿顶、轿厢架、轿门及其附件安装螺栓	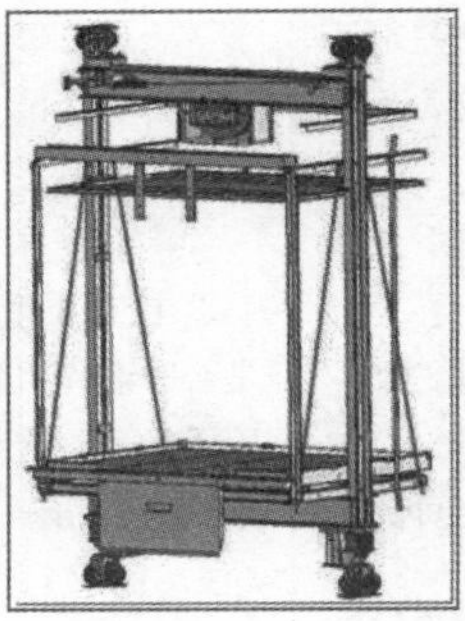	1. 各部位锁紧螺母齐全且紧固良好。 2. 轿厢直梁卡胶应轻贴直梁距离为 0~1 mm，无松动。 3. 轿顶安全钳联动杆限位螺栓（非限速器钢丝绳侧）按横梁贴图的文字要求拆除。若无机房电梯该限位螺栓不能拆除。 4. 轿顶安全钳传动机构（提拉杆）锁紧螺母紧固无间隙。 5. 轿顶安全钳开关动作距离： （1）凸轮开关、棘爪开关与打板距离为 2~3 mm。 （2）其他开关与打板距离为 4~5 mm	进入轿顶紧固上梁、立柱、导靴、轿厢、门电动机、电气箱等安装螺栓。确认安全钳限位螺栓安装良好
轿厢和对重导轨支架	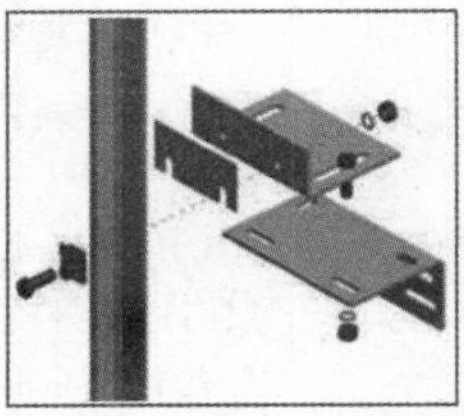	轿厢和对重导轨支架干净整洁、固定螺栓无松动	电梯检修运行时，逐层清洁各层导轨支架并且紧固各安装螺栓。 注意：清洁时要把垃圾扫在垃圾袋内，防止造成二次污染
轿厢和对重导轨	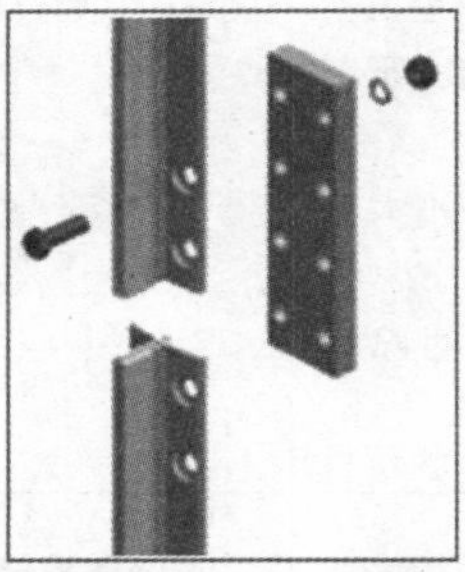	1. 主、副导轨表面无锈迹。 2. 导轨连接口螺栓紧固	1. 电梯检修运行，逐层紧固各压导板螺栓。 2. 确认主、副导轨表面光洁度，必要时用 400#砂纸或细纹锉进行打磨去锈
随行电缆	 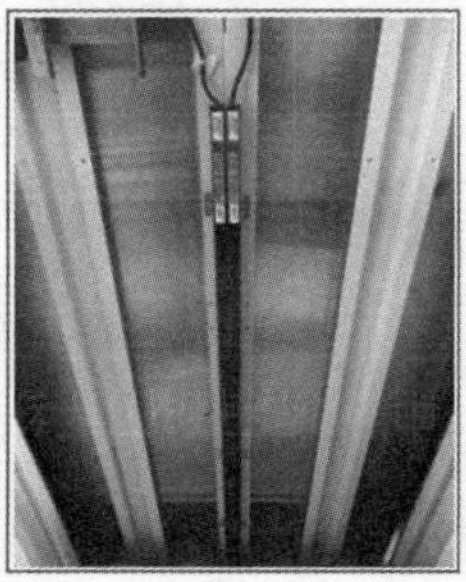	1. 随行电缆固定可靠无扭曲（挂线架上的随行电缆钢丝绳须加黄油防锈，重量需钢丝绳承受）。 2. 钢丝绳锁应有弹簧垫圈，固定螺母应背向电缆侧。 3. 电梯运行时应避免与井道内其他装置干涉，不得与地面和轿底边框接触。 4. 随行电缆离地高度符合工艺要求：（$v \le 150$ m/min 时为（300 ± 50）mm；$v \le 180$ m/min 时为（400 ± 50）mm；$v \le 210$ m/min 时为（550 ± 50）mm；240 m/min $\le v \le 360$ m/min 时为（$1\,500 \pm 50$）mm	1. 电梯检修运行过程中，确认电缆线的安装固定是否扭曲；是否与轿厢和井道壁接触；电缆与导轨是否平行，保护铁线的安装是否良好。 2. 进入底坑，将电梯开至最底层平层，测量电缆线离地距离是否符合标准

项目	图示	标准	说明
限速器、安全钳联动试验		限速器、安全钳各联动机构动作灵活且能有效制动（每2年做一次限速器动作速度校验）	测试前必须确认限速器、限速器钢丝绳没有损坏，楔块活动顺畅。测试后须检查安全钳嘴的尺寸
上行超速保护装置（限速器）动作试验	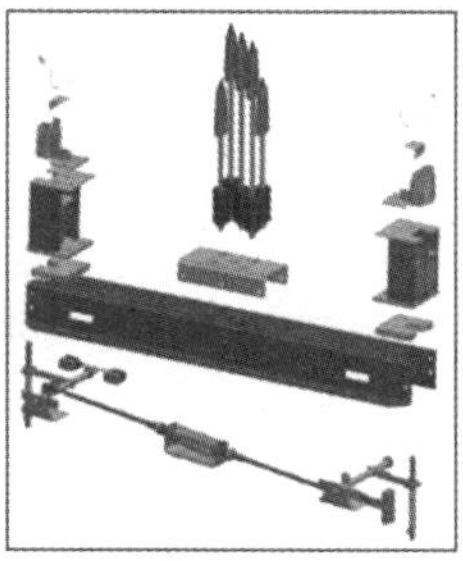	1. 上行超速安全钳各联动机构灵活且工作正常。 2. 安全钳上行超速保护电气开关工作有效	1. 电梯处于检修/停止状态时，手动使联动开关动作，查看上行安全钳的动作状况。 2. 安全钳上行超速保护开关复位，控制柜内50B继电器释放
轿厢称重装置（超重保护装置）试验	 	1. 负载检测装置的树脂部分上端面离轿底负载检测装置挡板距离[国产（9±0.5）mm，进口（8±0.5）mm]。 2. 涡流传感器输入电源电压为DC 15 V（允许范围为12～17 V），测量位置为接线端子"1""3"。 3. WD110开关压杆与开关帽不可偏心，开关锁紧薄螺母紧固	1. 在轿厢内放入110%额定负荷试验重块。确认电梯在检修或正常状态下都不能正常关门起动运行，且轿顶蜂鸣器发出蜂鸣声。 2. 正常状态下，电梯关门过程中手动复位WD110超载开关，门能重新开启
轿顶反绳轮轴承加黄油		轿顶反绳轮轴承必须每年注油一次	注油时使用黄油枪对准加油孔，将黄油（锂基润滑脂）打入轴承内。 注意：轴承的加油，用量应以轴承盖侧边溢出旧黄油，直至有新黄油溢出为止

项目	图示	标准	说明
对重反绳轮轴承加黄油	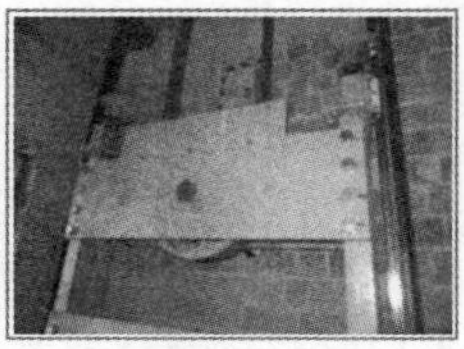	对重反绳轮轴承必须每年注油一次	注油时使用黄油枪对准加油孔，将黄油（锂基润滑脂）打入轴承内。 注意：轴承的加油，用量应以轴承盖侧边溢出旧黄油，直至有新黄油溢出为止
曳引机轴承加黄油		曳引机轴承必须每年注油一次	注油时使用黄油枪对准加油孔，将黄油（锂基润滑脂）打入轴承内。 注意：轴承的加油，用量应以轴承盖侧边溢出旧黄油，直至有新黄油溢出为止。超高速梯主机轴承加油时加油量合适即可

二、厅门检查及调整

厅门在门系统故障中的概率远高于轿门，主要故障是因厅门上滑轨和地坎太脏（主要是装修期间）或开关门阻力大引起开、关门不到位、门锁电气触点的虚连等。检查调整的目的是最大限度地减小开关门阻力，保证开关门的顺畅。厅门的主要检查和调整内容如表4-3所示。

表4-3　厅门的主要检查和调整内容

阶段	步骤	图示	说明
准备工作	1	图略	电梯检修运行至相应楼层，按下急停开关，确认无误后方可作业
	2	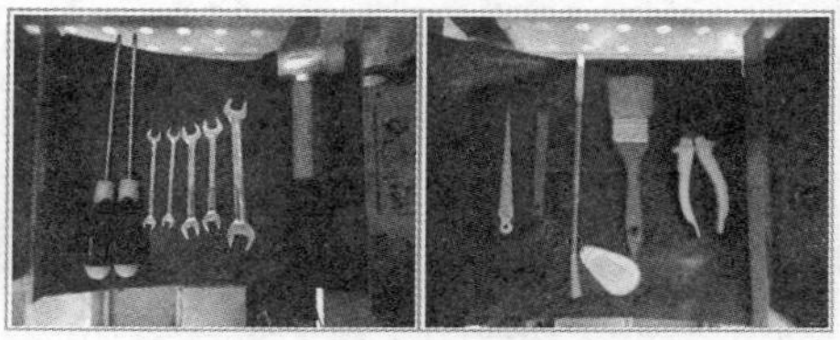	调整需要用到的工具，整齐有序地放置在轿顶横梁上

阶段	步骤	图示	说明
层门吊高		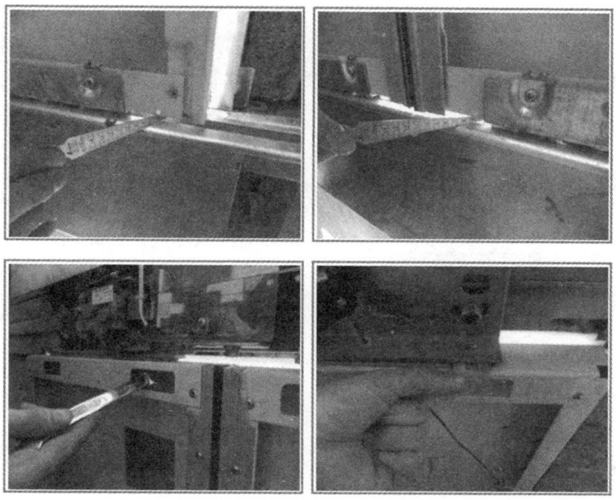	1. 检查标准： 用厅轿门专用塞尺，每扇层门测量两个位置，层门地脚与地坎距离为 4~6 mm。 2. 不良处理： 松开层门滑轮组件上的吊挂螺栓，通过增减垫片进行调整
层门垂直度		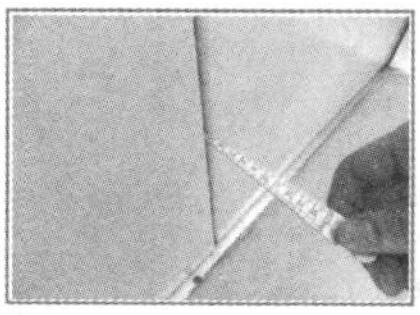 A形门调整要领： 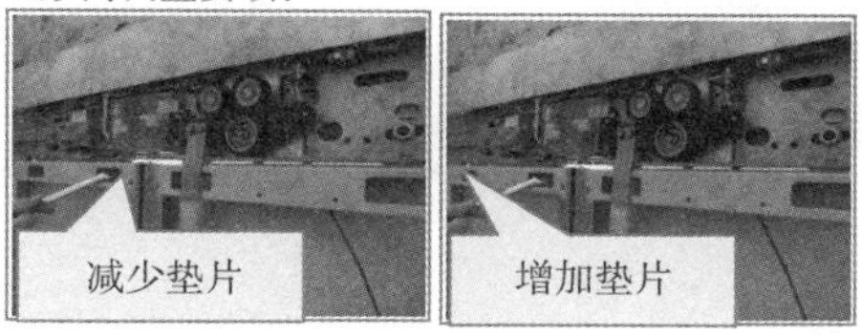 减少垫片　　增加垫片 V形门调整要领： 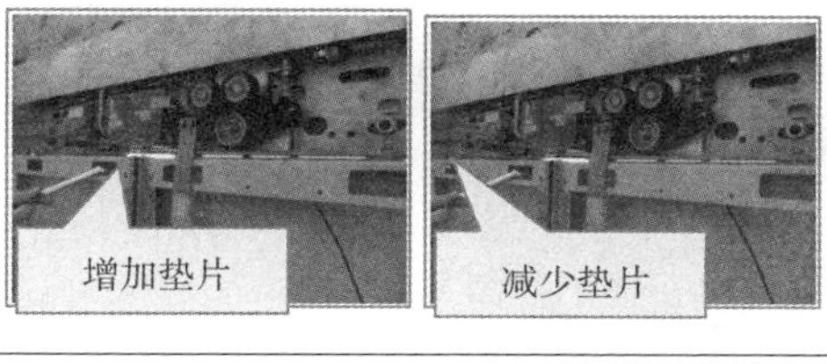 增加垫片　　减少垫片	1. 检查标准： （1）在厅外观测两扇门的关门间隙，用间隙专用塞尺测量层门上部和下部的关门间隙，垂直度不能存在 A 形或 V 形，最小偏差在 2 mm 以下。 （2）打开层门，在上部用直尺使层门门扇与门套平齐，检查层门是否凸出或凹进门套。 2. 不良处理： 可通过滑轮组件的层门吊挂螺栓处增减垫片来调整。 注意：调整结束后需重新检查层门吊高是否符合 4~6 mm 的标准
层门限位轮间隙			1. 检查标准： 关闭层门，先用 0.3 mm 的塞尺进行测量，再用 0.7 mm 的塞尺进行测量。层门限位轮与门导轨间隙为 0.3~0.7 mm。 2. 不良处理： 用 0.5 mm 的塞尺对每一个限位轮进行测量和矫正，完成后查看限位轮是否顺畅旋转，如若不能则给限位轮轴承加适量机油

阶段	步骤	图示	说明
层门分中		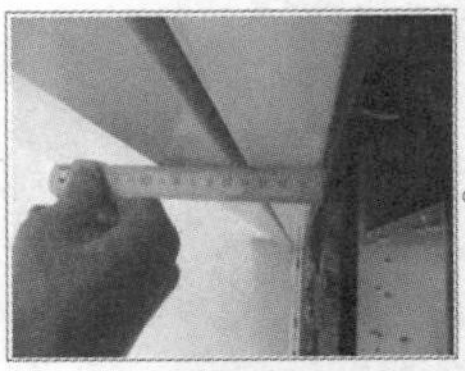 	1. 检查标准： 一侧层门与门套平齐，观察另一侧是否与门套平齐，若两扇层门同时与门套平齐则为分中。两门允许偏差不大于 1 mm。 2. 不良处理： 松开门头钢丝绳上的限位螺母，左右两侧的钢丝绳调整螺栓分别代表左右两扇层门。 3. 调整原则一： 哪边层门凸出门套，哪边的钢丝绳调整螺栓要扭紧，另一侧螺栓要放松。 4. 调整原则二： 一边扭紧螺栓的幅度与另一边放松螺栓的幅度要一致，否则会改变钢丝绳的张紧力
门头钢丝绳张紧力		 关门弹簧应挂在滑轮组件的凹槽内	1. 检查标准： 用弹簧秤对钢丝绳施加 9.8 N 的力，测量两根钢丝绳的间隙为 55 ~ 65 mm。 2. 不良处理： 同样利用钢丝绳调整螺栓进行调整，调整时，两侧螺栓需同时扭紧或放松
层门与门套缝隙		  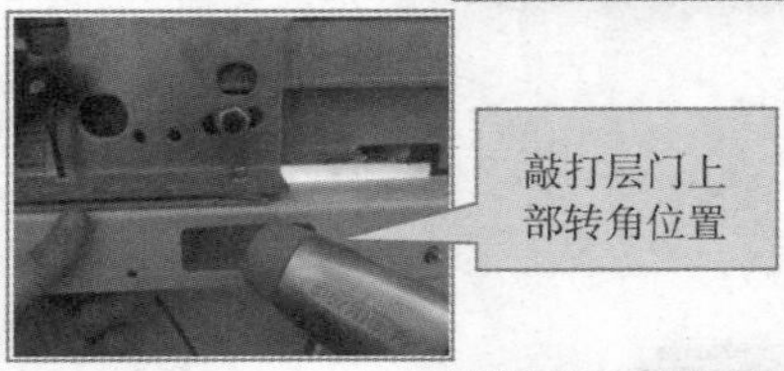 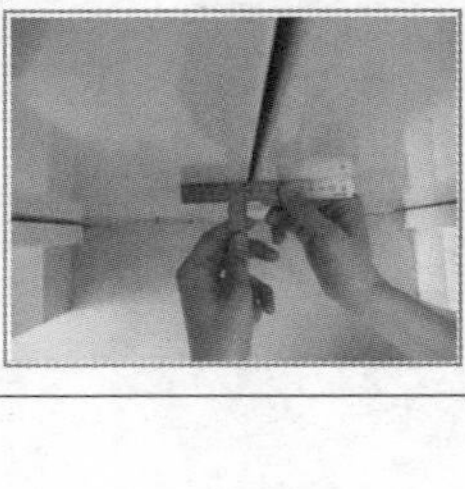 松开吊挂螺栓 敲打层门上部转角位置	1. 检查标准： 打开层门，用间隙专用塞尺进行测量，层门上部与门套的间隙为 4 ~ 6 mm。 2. 不良处理： （1）若门套间隙偏大，松开对应那扇层门幕中间的吊挂螺栓，用铁锤敲打层门的上部转角位置。 （2）若门套间隙过小，会存在层门被刮花危险。松开对应那扇层门幕中间的吊挂螺栓，手拉层门，用铁锤敲打门滑轮组件，增大门套间隙。 注意：调整完成后关上层门，用直尺测量两扇门的平齐度，应不大于 0.5 mm，否则要重新调整层门与门套缝隙

阶段	步骤	图示	说明
清洁层门主副门锁		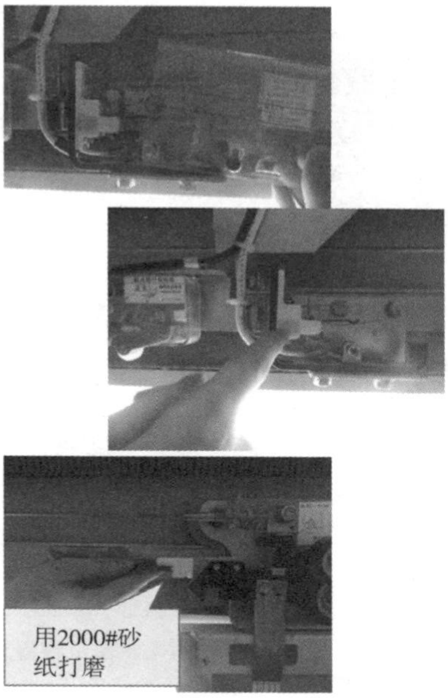 用2000#砂纸打磨	1. 检查标准： （1）松开门锁保护盒螺栓，取出保护盒，用干净抹布清洁主、副门锁，且层门主副门锁外观整洁、触点无磨损。 （2）观测主副门锁触点有无发生变形，如触点变形则须更换。 （3）观测主门锁上的消音贴没有缺失，如有缺失或松脱须用双面胶重新粘贴。 2. 不良处理： （1）主门锁开关打板若有黑色氧化物，则需使用2000#砂纸进行打磨，打磨后用干净抹布擦拭。 （2）副门锁静触点同样可使用2000#砂纸打磨，打磨后用干净抹布擦拭。 （3）清洁完后装上保护盒，扭紧螺栓
层门主门锁	轿厢地坎与门锁滚轮		1. 检查标准： 将电梯检修运行到轿厢与门锁滚轮平齐位置，用直尺进行测量，轿厢地坎与门锁滚轮之间的间隙为6～10 mm。 2. 不良处理： 若间隙过大则松开螺栓垫门垫片进行调整；间隙过小则检查层门门头垂直度进行调整
	层门主门锁调整　1	 	应先做好标识，防止调整时位移过大、松开门锁的两个安装螺栓，左右移动门锁进行间隙调整。门锁与门锁座左右间隙为（3±1）mm，调整后，必须观察轿厢门刀与主门锁可动滚轮的左右间隙是否符合6～10 mm标准
	2	 	调整门锁座下面垫片的厚度，使门锁与门锁座上下间隙为（11±1）mm

阶段	步骤	图示	说明
层门主门锁	层门主门锁调整	3	 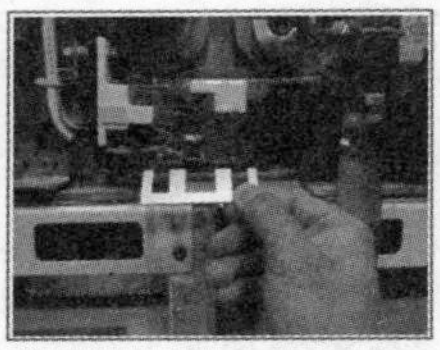	同样调整门锁座下面垫片的厚度，使可动滚轮完全收尽时锁钩与门锁座的间隙为 3~9 mm
		4	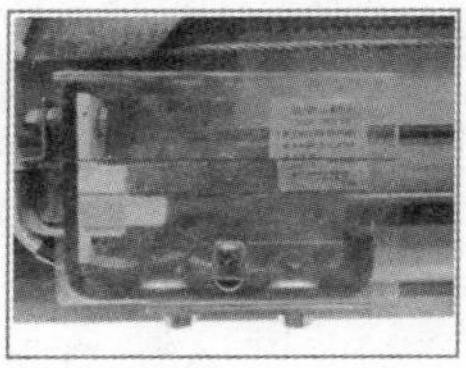	主门锁保护盒的两条红线与主门锁触点对齐
		5	 	根据需求数量将垫片垫入锁座，触点超行程距离为 3~5mm，门锁打板与两个触点要分中，且同时接触。作业时锁座不能前后挪动过大。调整过后，作开关门检查，确认门锁与锁座的塑料盖板没有干涉，否则要重新调整
止动橡胶			  1. 检查标准： 层门关闭状态下，手拉动层门，使锁钩拉住锁座，确认防撞门止动橡胶的尖部与门锁线导向板软接触。 2. 不良处理： （1）松开防撞门止动橡胶的锁紧螺母，旋转调整防撞门止动橡胶。 （2）调整防撞门止动橡胶可有效减少厅轿门联动时的关门声音
副门锁			  1. 检查标准： （1）电气触点有 2~3 mm 的超行程。 （2）副门锁打板与后轮接触前的间隙有 0.5~1 mm。 2. 不良处理： 可调整打板确保行程，在开关门过程中观察，用 0.5~1 mm 的塞尺测量间隙，确保副门锁两个数据同时符合工艺要求

阶段	步骤	图示	说明
层门锁胆、门锁滚轮的卡簧及弹簧、救命绳	1		层门锁胆检查标准： 用直尺测量层门锁胆的开锁钥匙与摆杆间隙为 5 mm，同时利用层门开锁孔可以旋转切实开锁
	2	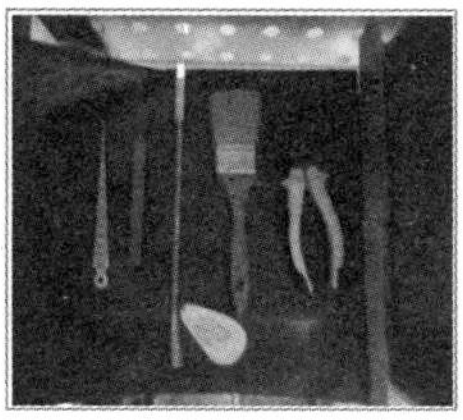	门锁滚轮的卡簧及弹簧检查标准： 目测确认门锁滚轮的卡簧及弹簧齐全。 注意：门锁弹簧缺失会导致门锁触点下压量不足
	3	 固定在层门边框外端	救命绳检查标准： 层门内部开门拉绳的螺栓是否松动，需固定在层门边框外端，线耳与固定螺母有 1 ~ 2 mm间隙。手拉层门内部救命绳可以可靠地开锁，且长度适中
开关门顺畅和自闭力			1. 检查标准： 反复开关层门，当层门关闭，锁钩到达门锁盒时放开手，观察门能否自然关闭，以确认层门自闭力。 2. 不良处理： 层门自闭力不良时，检查门导轨是否有积污、门扇是否变形、主门锁尺寸是否符合要求等
其他检查事项		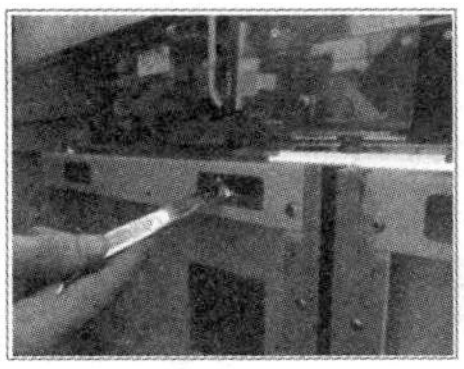	1. 检查标准： 确认层门开关门过程平滑、振动小、无碰撞 2. 不良处理： 发现滑块有严重磨损或龟裂造成开关门有严重晃动时，需立即更换

三、轿门检查及调整

1. 变频式门电动机轿门的检查及调整。

交流异步变频式门电动机通常简称为变频门电动机，主要由变频门电动机控制系统、交流异步电动机和机械系统三部分组成。电梯变频门电动机有两种运动控制方式：速度开关控制方式和编码器控制方式。速度开关控制方式不能检测轿门的运动方向、位置和速度，只能使用位置和速度开环控制，导致控制精度相对要差，门电动机运动过程的平滑性不太好，因此多使用编码器控制方式。变频门电动机轿门的检查及调整的主要内容如表4-4所示。

表4-4 变频式门电动机轿门的检查及调整内容

阶段	步骤	图示	说明
准备工作	1		1. 将电梯开至次高层，置于检修状态。 2. 电梯检修下行约1.5 m左右（以操作人员能检查轿门系统为准），打开次高层层门，用门止动橡胶使层门保持开启状态
	2	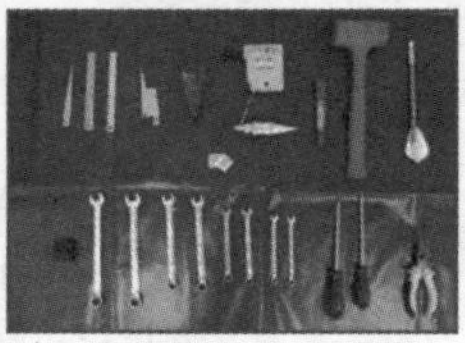	调整需要用到的工具，整齐有序地放置在层门口外
轿门系统清洁	1	图略	用干净抹布清洁门电动机、轿门传动机构、轿门导轨、门挂板及门扇等部位
	2	图略	检查各紧固螺母的松动情况，发现松动，立即将其收紧
开关门检查	1	图略	利用轿顶关门按钮，检查轿门是否能正常开关
	2	图略	进入轿顶关闭厅门，将电梯开至平层位置
	3	图略	用轿门带动厅门进行开关门，观察是否开关门正常
门扇与地坎间隙		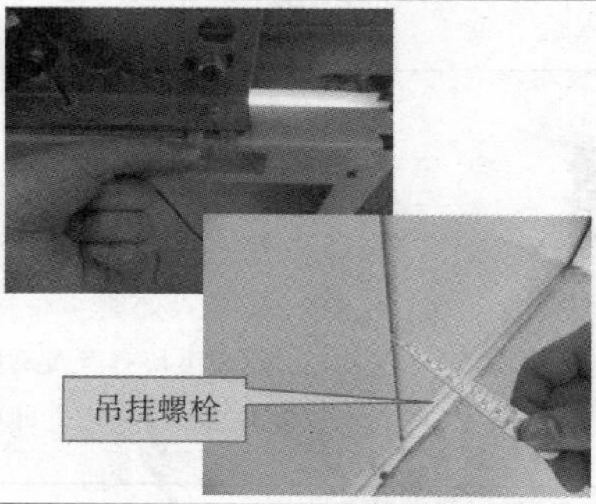 吊挂螺栓	1. 检查标准： 轿门关闭后用专用塞尺进行测量，每扇门测量两个位置，轿门脚与地坎的间隙为4~6 mm。 2. 不良处理： 松开轿门滑轮组件上的吊挂螺栓，通过增减垫片可进行调整

阶段	步骤	图示	说明
门扇平面度，门扇与门扇、立柱的间隙	1	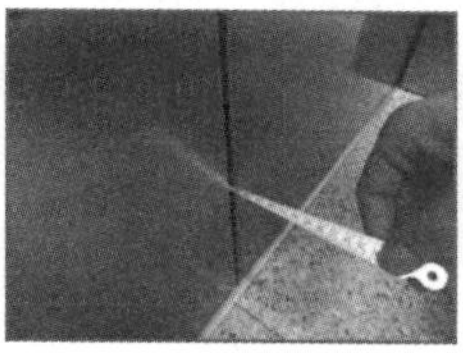	1. 关门间隙检查标准： 轿门关闭后用斜塞尺测量门扇上下部的关门间隙，门间隙不能存在 A 形或 V 形。 2. 不良处理： 松开轿门滑轮组件上吊挂螺栓，通过增减垫片进行调整。 注意：为防止滚轮和导轨有间隙要求，门即便倾斜也只能 A 形倾斜不能 V 形倾斜
	2	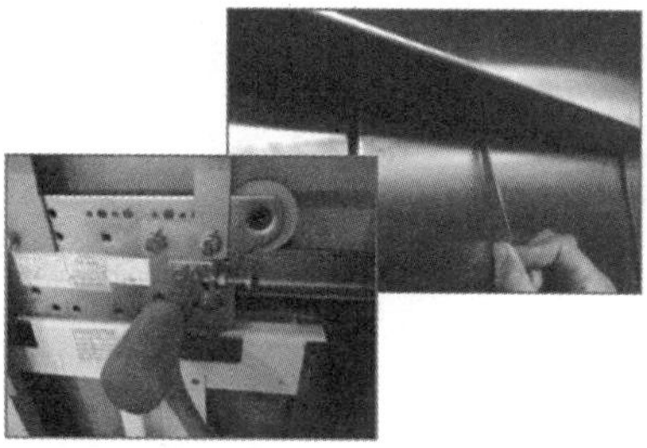	1. 轿门与横梁检查标准： 轿门关闭后，用斜塞尺每扇门取前后两点测量，轿门与横梁间隙为 4 ~ 6 mm。 2. 不良处理： 松开滑轮组件上的吊挂螺栓，在相应位置用铁锤敲打
	3	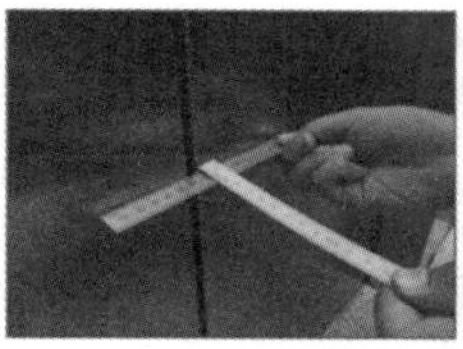	1. 两扇轿门平面度检查标准： 轿门关闭后用两把直尺两扇轿门取上下两点测量，两扇轿门对口处平面度不大于 0.5 mm。 2. 不良处理： 松开滑轮组件上的吊挂螺栓，在相应位置用铁锤敲打
	4		1. 轿门与门立柱检查标准： 打开轿门，用斜塞尺在两扇门取上下两点进行测量，两扇轿门与门立柱的间隙为 4 ~ 6 mm。 2. 不良处理： 松开滑轮组件上的吊挂螺栓，在相应位置用铁锤敲打。 注意：轿门与立柱间隙过小，容易造成开关门过程中轿门表面被刮花，故检查时需特别注意

续表

阶段	步骤	图示	说明
限位轮间隙		 	1. 检查标准： 关闭轿门后用塞尺测量，轿门门头限位轮与门导轨的间隙为 0.3～0.7 mm。 2. 不良处理： 用 0.5 mm 的塞尺对每一个限位轮进行测量与矫正，完成后查看限位轮能否顺畅旋转，如若不能则加适量机油润滑
轿门驱动皮带		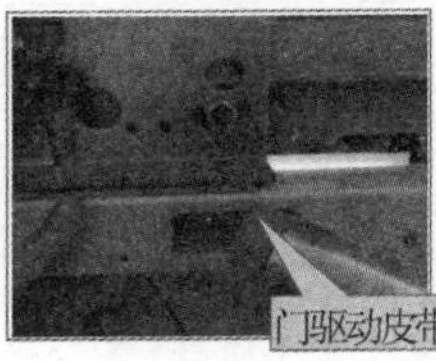 门驱动皮带	1. 检查标准： （1）手动开关轿门，目测轿门驱动皮带表面无破损、龟裂以及断丝现象。 （2）根据门宽实际大小来调整皮带的张力，用 9.8 N 的力按压皮带专用压力计中心部位进行测量。 2. 不良处理： 通过调整轿门门头上从动轮支架，在相应位置用手锤敲打
轿门分中	1	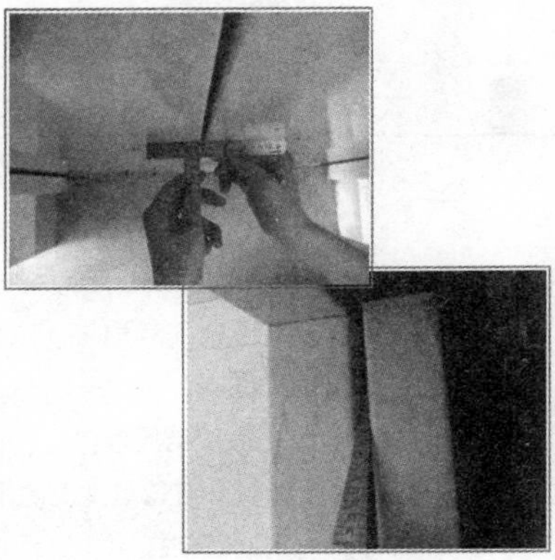	1. 轿门与立柱检查标准： 把轿门打开到与立柱平齐的位置，以门刀侧轿门为基准，用直尺测量另一侧轿门是否与轿门立柱平齐。两门允许偏差不大于 1 mm。 2. 不良处理： 轿门分中调整前先在驱动带上做好记号，松开驱动皮带（右门）连接板螺栓，即可移动轿门滑轮组件进行分中调整
	2		1. 轿门凹入立柱检查标准： 开启轿门，用两把直尺进行测量。轿门凹入立柱距离为 12～16 mm。 2. 不良处理： 关闭轿门，通过轿门滑轮组件上的开门限位螺栓进行凹入量调整
	3		1. 关门限位与限位螺栓检查标准： 关闭轿门后再用手紧闭，目测关门限位与限位螺栓之间应轻贴。 2. 不良处理： 松开限位螺栓螺母进行间隙调整

续表

阶段	步骤	图示	说明
轿门门头紧闭装置		  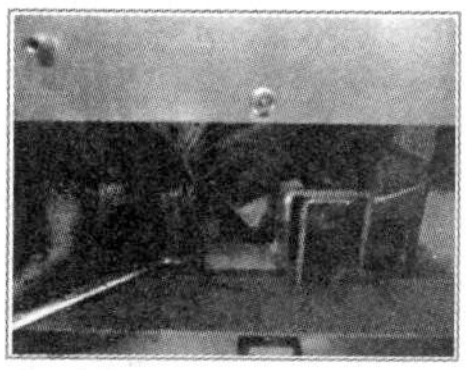	1. 检查标准： （1）用力紧闭轿门，检查轿门紧闭装置凸轮与压板之间是否处于逼紧状态。 （2）用直尺测量弹簧，尺寸为（70±1）mm，行程距离为（8±0.5）mm。 2. 不良处理： （1）调整时先松开紧闭装置的前中后3个 M6 紧固螺母。 （2）紧闭轿门，用锤轻轻敲打紧闭装置，敲到压板轻贴凸轮为止，锁紧螺母。 （3）再通过调整凸轮的支架让凸轮跟压板呈逼紧状态。最后锁紧支架螺母并做好标记
门系合装置	1	 固定调整螺栓	1. 门刀垂直度检查标准： 用线坠和直尺测量，轿门门刀垂直度不大于1 mm。 2. 不良处理： 通过门刀上的3个调整螺栓进行添加垫片
	2	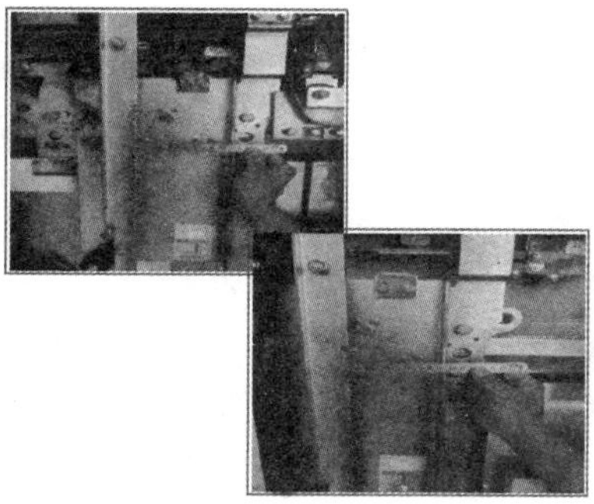	1. 门系合装置检查标准： （1）用直尺测量门系合装置宽度，开门时宽度为（90.5±0.5）mm。 （2）关门时宽度为（111.5±1）mm。 2. 不良处理： 不符要求时须及时调整
	3	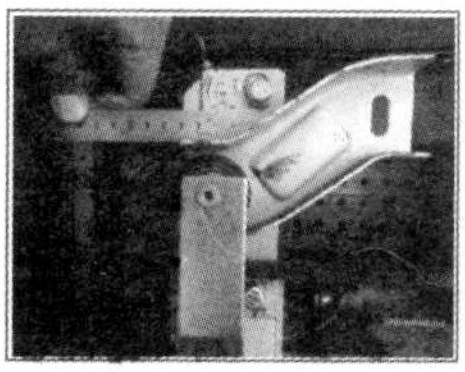 	1. 门刀提升轮检查标准： （1）用直尺测量门刀提升轮进入动作导槽时，滚轮下端面与导槽间隙为1~2 mm。活动滚轮在动作导槽上软接触的尺寸为15~25 mm。 （2）在开关门过程中用直尺测量，活动滚轮插入动作导槽深度不小于导槽的2/3。 2. 不良处理： （1）松开动作导槽固定支架的两个螺栓，调整滚轮下端面与导槽之间的间隙。 （2）在动作导槽固定支架上插入垫片，保证动作滚轮插入深度

阶段	步骤	图示	说明
门刀间隙分中	1		1. 门刀与层门踏板检查标准： 检修运行，让轿厢门刀靠近层门踏板，用直尺进行测量，门刀与层门踏板之间的间隙为（8±2）mm。 2. 不良处理： 参照门系合装置、轿厢导靴调整工艺
	2		1. 门刀与门锁轮检查标准： （1）可以用大约130 mm长的胶布贴在层门踏板上，以门刀两边内侧为准线，在胶布上画两条直线。 （2）电梯平层，将胶布再次贴在轿厢踏板上，将层门踏板上的两条垂线引到轿门踏板上。 （3）慢车运行，将轿厢踏板靠近层门锁轮，用两把直尺进行测量，门刀与门锁轮之间的间隙为（8±2）mm。 2. 不良处理： 可以参考保养手册中门系合装置、轿厢导靴、层门调整工艺
安全触板	1		1. 安全触板与轿门端面、地坎检查标准： 用两把直尺测量安全触板与轿门端面平行度，误差要求小于3 mm。下端面与地坎之间的间隙为（10±3）mm。 2. 不良处理： 通过松开上下摆杆座固定螺栓M10，用手锤轻轻敲打摆杆座来调整
	2		1. 安全触板凸出轿门端面检查标准： 用两把直尺进行测量，安全触板凸出轿门端面距离双触板（30±2）mm，距离单触板（35±2）mm。 2. 不良处理： 通过上摆杆座调整螺栓（左）来调整
	3		1. 安全触板凹入门端面检查标准： 用直尺进行测量，全工作行程时安全触板凹入门端面2 mm。 2. 不良处理： 通过上摆杆座（右）调整螺栓来调整

阶段	步骤	图示	说明
安全触板	4	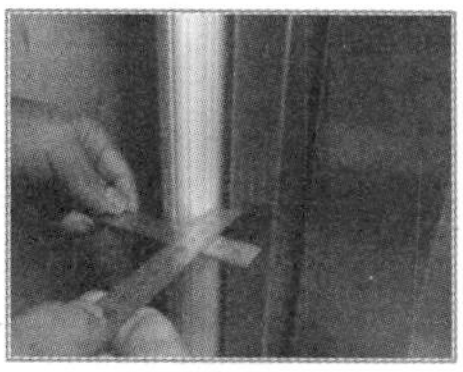	1. 安全触板工作行程检查标准： 用直尺进行测量。安全触板工作行程为 3 ~ 5 mm时切断开关，且全程只能动作一次。 2. 不良处理： 通过上摆杆座开关调整螺栓来调整，如出现二次动作则调整开关压头
	5		1. 两安全触板之间的间隙检查标准： 用直尺进行测量，轿门完全关闭时，应为 4 mm。 2. 不良处理： 通过松开安全触板提升装置螺栓，用手锤轻敲相应位置。 注意：要先松开摆杆座上的调整螺栓
	6	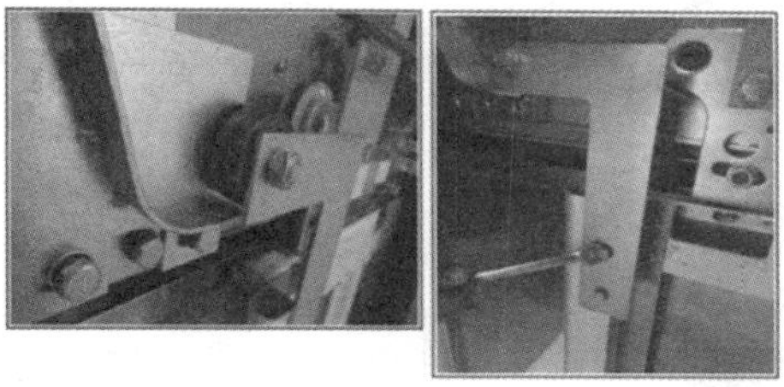	1. 安全触板凸轮进提升装置检查标准： 用直尺进行测量，安全触板凸轮进入提升装置前端要有 3 mm 的间隙。 2. 不良处理： 松开安全触板支架螺栓，用手锤轻轻敲打相应位置
	7	图略	清洁： 1. 先用干净的抹布清洁摆杆和开关座上的灰尘。 2. 然后在开关压头和开关滚轮之间加几滴机油，让其充分润滑
轿厢光电装置			1. 检查标准： 正常开关门时，用物件遮挡光束，光电装置功能正常，轿门应能立即打开。 2. 不良处理： 清除发光器、反光板表面的尘埃，旋紧安装螺栓
轿门滑块			1. 检查标准： 确认轿门滑块紧固，轿门运行顺畅。 2. 不良处理： 发现开关轿门时有严重晃动的就要更换滑块，更换时用十字螺丝刀松开滑块上的固定螺栓

阶段	步骤	图示	说明
轿门开关	1		检查标准： 1. 关门极限开关（CLS）：在门完全关闭前距轿门中心线（5±2）mm 时断开。 2. 开门极限开关（OLS）：在门完全打开前（5±2）mm 时断开。 3. 轿门开关（GS）：在门完全关闭前距轿门中心线（10±1）mm 接通。 将轿门关尽，以轿门吊挂板为准线，在轿门导轨上做一记号
	2		稍微打开轿门，以刚才做的记号为基准向开门方向分别画出 GS 和 CLS 开关的位置： GS 的位置是（10±1）mm； CLS 的位置是（5±2）mm
	3		关闭轿门测量（右门）GS 开关超行程为 2~3 mm。通过上下移动（右门）GS 开关的固定螺栓来调整超行程；通过移动（左门）GS 开关打板来调整超行程
	4	 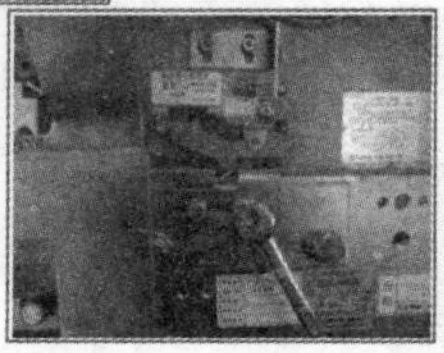	轿门关闭到 GS 标记的位置，GS 开关触点（右门）通过调整开关打板，让其处于软接触状态；GS 开关触点（左门）通过调整开关固定螺栓，让其处于软接触状态。 调整完毕轿门关闭时，两个 GS 开关要同步接通
	5		GS 开关的强制断开滚轮与打板间隙为 0.5~1 mm。使用塞尺进行测量

阶段	步骤	图示	说明
轿门开关	6		轿门关闭到 CLS 标记的位置，开关触点通过调整 CLS 开关上的固定螺栓，让其处于软接触状态
	7		轿门完全关闭调整 CLS 开关打板，让 CLS 开关触点断开距离有 2 mm 以上
	8	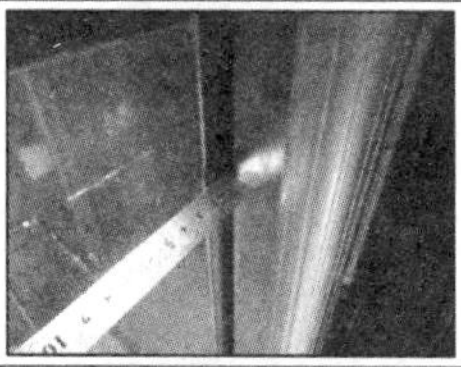	开尽轿门，记录轿门与立柱的距离，然后向关门方向移动（5±2）mm 距离，做 OLS 开关标记
	9		轿门关闭到 OLS 标记的位置，开关触点通过调整 OLS 开关上的固定螺栓，让其处于软接触状态
	10		轿门完全开尽，让 OLS 开关触点断开距离有 2 mm 以上。 注意：记号的准线可以以任一侧轿门吊挂板的任一边作为准线
门宽测试		注意：对于轿门无论是 GS/CLS/OLS，驱动皮带张紧度调整完以后，都必须要作门宽测试。	
	1	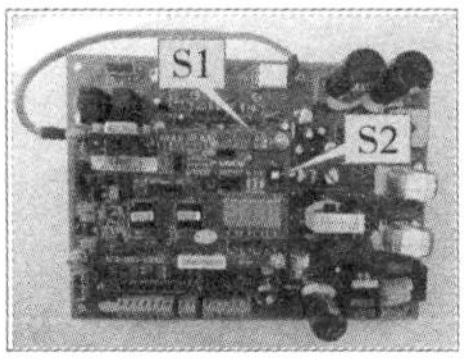	SF2–DSC 门电动机系统门宽测试方法： 1. 用轿顶检修运行方式将电梯到到平层位置。 2. 将控制板上的 S1–S2 拨码开关拨到"ON"。 3. 按下控制板上的按钮"S2"；这时电梯轿门将自动开关一次以测试门宽。 注意： 1. 在轿门作门宽自检时，禁止任何人员出入轿厢。 2. 门宽自学习结束后，按起控制板上的按钮"S2"。将控制板上的 S1–S2 拨码开关拨到"OFF"。 3. 门宽测试完成，使电梯恢复正常的控制状态

阶段	步骤	图示	说明
门宽测试	2	S3 S1	DAB 门电动机系统测试门宽方法： 　1. 用轿顶检修运行方式将电梯开到平层位置。 　2. 把控制板上的拨码开关 S1 - S2 拨到"OFF"位置（有 Stop 标志）。 　3. 按下控制板上的门宽自检的自锁开关 S3，这时电梯轿门将自动开关一次以测试门宽。此时指示灯 D39（DWT）亮。 注意： 　1. 在轿门作门宽自检时，禁止任何人员出入轿厢。 　2. 当电梯轿门打开后，再完全闭合，门宽测试结束，指示灯 D39 灭。 　3. 门宽测定结束后，开关 S3 复位，并把拨码开关 S1 - S2 拨到"ON"位置（有 Run 标志），使电梯恢复正常的控制状态
	3	注意： 　1. 如果门不在极限位置（开门极限或关门极限），送电进行门宽自检前，请先使门运行至极限位置或先给开（关）门信号，使轿门低速运行到开（关）门极限，然后再作门宽自检。 　2. 若出现给出开门信号时关门，给出关门信号时开门的情况，则可能为门电动机旋转方向错误，可以尝试对调门电动机的 U、V 相。 　3. 若作门宽自检后，DAB - C 板上 D39 指示灯一直亮，门电动机一直保持关门状态，不响应开关门指令，则可能为门宽数据有误，可检查旋编是否有断线，或将旋编的蓝、绿接线对调，蓝/黑和绿/黑接线对调		

2. 机械式门电动机轿门的检查及调整

机械式门电动机轿门检查及调整与变频门电动机类似，只是机械式门电动机比变频门电动机多出机械传动部分的润滑及调整，门连锁开关、限位开关、开关门方式也有所不同。机械式门电动机轿门的检查及调整主要内容如表 4-5 所示。

表 4-5　机械式门电动机轿门的检查及调整内容

阶段	步骤	图示	说明
准备工作		图略	具体作业方法可参照"变频式门电动机的检查及调整"步骤
轿门系统清洁		图略	具体作业方法可参照"变频式门电动机的检查及调整"步骤
开关门性能		图略	具体作业方法可参照"变频式门电动机的检查及调整"步骤
轿门尺寸的检查及调整		图略	具体作业方法可参照"变频式门电动机的检查及调整"步骤

阶段	步骤	图示	说明
润滑门驱动链作业方法			用沾有 N46 机油的抹布将机油抹在门驱动链上。 注意：涂抹时应注意不要使机油沾在踏板及门导轨上
轿门限位螺栓		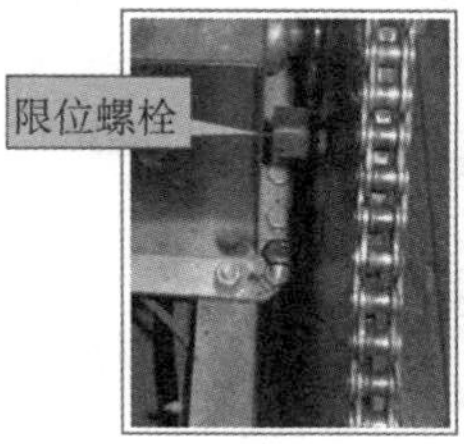 限位螺栓 	限位螺栓检查标准： 限位螺栓的高度： 关门侧（88.5±0.5）mm； 开门侧（88.5±8）mm（调整至厅门与门套平为准）
轿门连锁开关（GS）		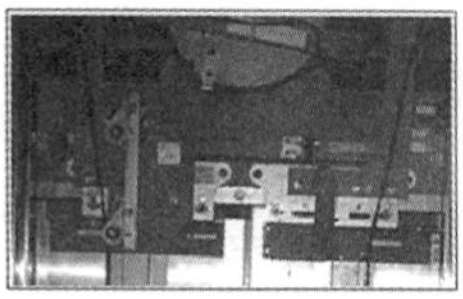	1. 检查标准： 在轿门完全关闭前距轿门中心线（10±1）mm 接通，超行程为 2~3 mm。 2. 不良处理： 可通过轿门连锁开关的固定螺栓进行调整
轿门终端开关（OLS、CLS）		 23开门一级减速　副安全触板短按开关 21开门关门一级减速　14门一级减速 CLS开关　开关打板　OLS开关 	作业方法： 1. 关轿门，使两轿门间距在 10 mm 位置，松开 CLS 开关打板固定螺栓，移动开关打板，使 CLS 开关触点刚好切断，然后拧紧开关打板固定螺栓。 2. 开轿门，使轿门处于差 15~20 mm 即开尽的状态，松开 OLS 开关打板固定螺栓，移动开关打板，使 OLS 开关触点刚好切断，然后紧固开关打板固定螺栓
门力矩反转开关（ORS）	1		1. 门力矩反转开关弹簧尺寸检查标准： 2. 不良处理： 可通过弹簧的调整螺栓上的迫紧螺母进行调整

门力矩反转开关（ORS）说明中的表格：

轿门型号	出入口宽度/mm	弹簧尺寸/mm
2P－CO	800	47.5±0.5
	900	
2S－2P	800	43.5±0.5
	1100	53.5±0.5
	1200	

阶段	步骤	图示	说明
门力矩反转开关（ORS）	2		门力矩反转开关的间隙检查标准： 微动开关在接通前的间隙为 1～2 mm
开关门			1. 检查标准： 开门时间 2.5～3 s，关门时间 3～3.5 s，且整个开、关门过程平滑、振动小、无碰撞。 2. 注意事项： （1）调整可变电阻及终端开关时必须断开控制屏 FFB 电源开关。 （2）由于电阻箱可变电阻的电阻值出厂前已调好，因此在调节可变电阻时，应尽可能参考原来的可变电阻环位置。 注意：表中的"左移""右移"是以人站在轿顶面对厅门来定义的

第五章
电梯底坑维护保养规范

导读：位于轿厢服务的最低层站以下的井道部分称为底坑，属于电梯井道的组成部分。底坑内设有缓冲器及电梯停止开关和井道灯开关、电源插座及照明，该区域系电梯维修人员的工作区域，也是电梯发生故障导致坠落的终点站，因此对该区域电梯设备的维护保养至关重要。电梯底坑的维护保养项目主要包括缓冲器系统、限速器张紧装置系统、补偿装置系统、急停开关、井道照明等与电梯安全运行密切相关的系统。

本章内容主要从图 5 - 1 所示的几个方面展开叙述。

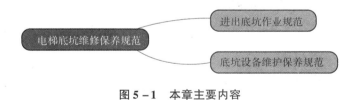

图 5 - 1　本章主要内容

第一节　进出底坑作业规范

进出底坑作业规范是为了让在轿顶和底坑的工作人员能始终保持对轿厢的控制，消除轿厢意外移动的风险，确保其人身安全而制定的。具体规范如表 5 - 1 所示。

表 5 - 1　进出底坑作业规范

阶段	步骤	图示	说明
进入标准	1		在基站层门口设置"电梯维修中，禁止进入"防护栏
	2	图略	将电梯正常运行至次底层
	3	 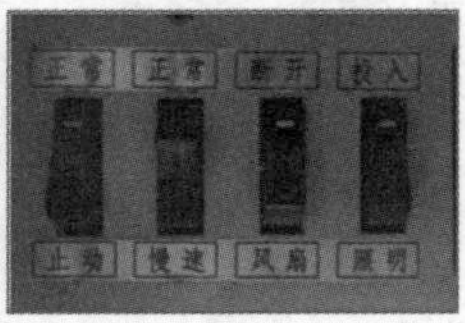 超（欠）平层	检修状态下运行电梯，使电梯超（欠）平层 300 ~ 400 mm，然后按下操纵箱内的急停开关
	4	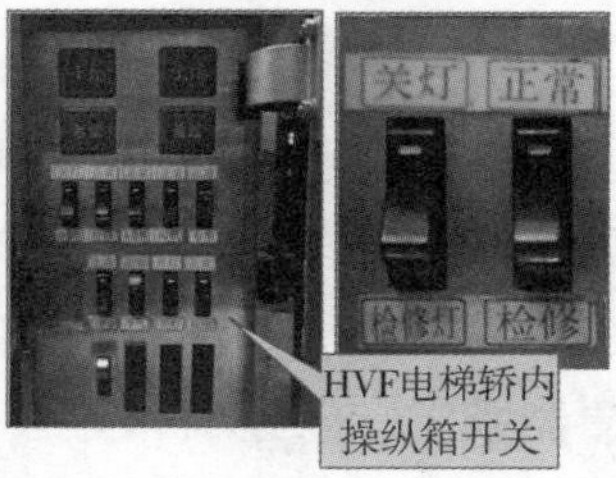 HVF电梯轿内操纵箱开关	按下检修灯开关（一般进口梯设置此开关，无此开关时，此项操作取消）。离开轿厢，关闭层门
	5	 完全开启	在最底层打开层门，使层门呈完全打开状态
	6	 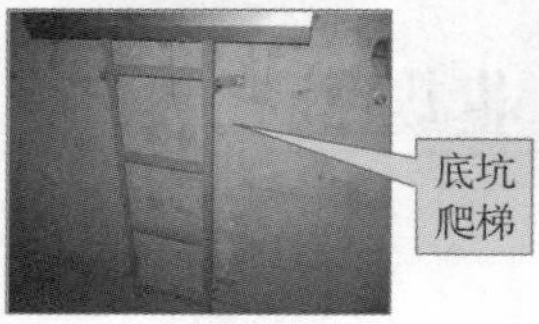  底层层门专用把手 底坑爬梯	底坑有安装爬梯时则利用底坑爬梯小心进入。稳定重心时，借助底层层门专用把手，若没有层门专用把手，可借助地坎槽（用手）和缓冲器混凝土墩（用脚）。 注意：底坑如果没有安装爬梯则要借助竹梯或人字梯
	7	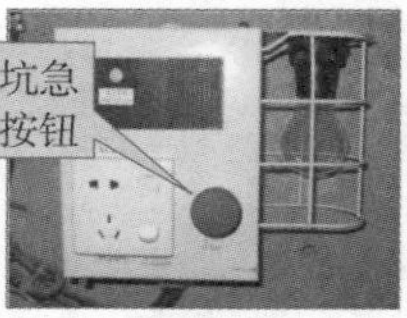 底坑急停按钮	进入底坑后，打开底坑照明开关，按下底坑急停按钮，关闭层门

续表

阶段	步骤	图示	说明
退出标准	1	 层门救命绳	在底坑利用层门内部救命绳将层门锁打开，使层门呈完全打开状态。 注意：可使用层门专用塞将层门固定
	2	图略	先把工具等杂物放置在厅外
	3	图略	恢复底坑急停按钮，关闭底坑照明
	4	图略	利用爬梯或竹梯退出底坑。稳定重心时，借助底层层门专用把手，若没有层门专用把手，可借助地坎槽（用手）和缓冲器混凝土墩（用脚）
	5	图略	出底坑后要将鞋底及楼面清理干净
	6	图略	关闭层门，将基站的防护栏收起
	7	图略	在次底层进入轿厢，恢复电梯正常运行
注意事项	1	图略	出入底坑前要清洁鞋底（特别是油污等），防止足下打滑
	2	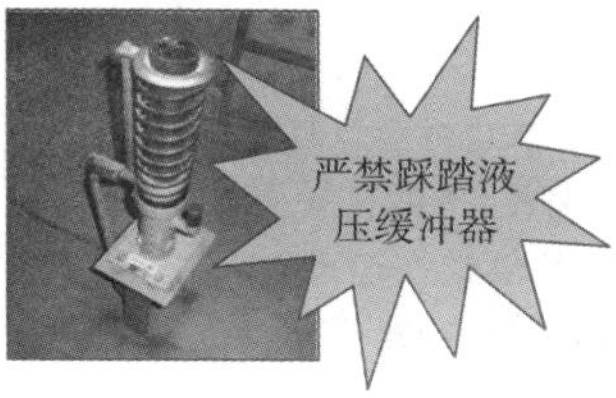 严禁踩踏液压缓冲器	严禁进入（爬出）底坑时踩踏液压缓冲器
	3	图略	严禁攀援层门、轿厢踏板护脚板和随行电缆
	4	图略	如井道与邻梯相通，则要特别小心。严禁踏出本梯主轨底以外的范围作业
	5	图略	无底坑爬梯而且无进入和退出底坑的工具（梯子、人字梯）时，严禁进入底坑
	6	图略	进入底坑作业时，必须关闭层门和按下急停按钮
	7	图略	应先确认底坑内无异常气味，然后再进入底坑

第二节　底坑设备维护保养规范

根据《电梯维护保养规范》（TSG T5002—2017）规定，电梯底坑设备的维护保养项目包括缓冲器、张紧轮、补偿链、急停开关等，本节内容把底坑设备的维护保养项目进行拆分说明。具体规范如表5-2所示。

表 5 - 2　底坑设备维护保养规范

项目	图示	标准	作业方法
底坑环境	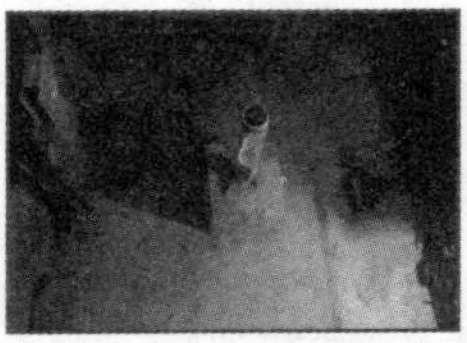	1. 底坑无堆积垃圾、无渗水、积水现象。 2. 检修盒照明能正常工作，导轨接油杯/接油槽装备完整	进入底坑对地面、墙壁、缓冲器、防护栏、张紧轮等用扫把或抹布进行清洁。 注意：在井道保养时，严禁踏出本梯主轨面以外的范围作业
补偿链运行和导向装置及开关检查（测定离地高度）	 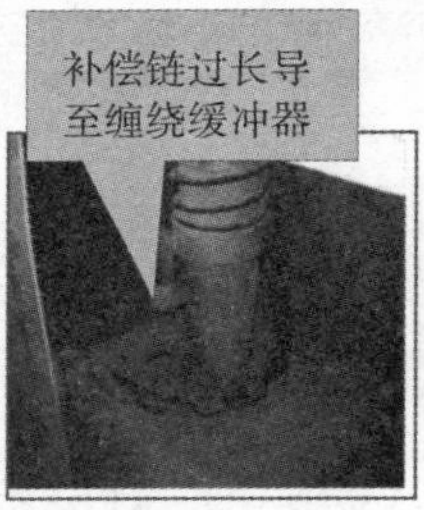 补偿链过长导至缠绕缓冲器	1. 补偿缆/链离缓冲墩间隙为（200±50）mm。 2. 导向杆离缓冲墩间隙为（400±20）mm。 3. 补偿链离导向杆距离为（95±50）mm。 4. 补偿缆两导向滚轮中心偏差在25mm以内。对重缓冲器的开关电缆应该避开补偿链运动路径。 5. 补偿链在运动过程中不应干涉到缓冲器	1. 测量补偿链离地高度，如需调整，先调整补偿链底部到底坑地面的距离，然后调整导向杆（有设置时）到补偿缆距离。 2. 检查缓冲器开关线路应避开补偿链运动路径，以免被刮破导致48V对地或安全回路断开故障
耗能缓冲器（油压缓冲器）	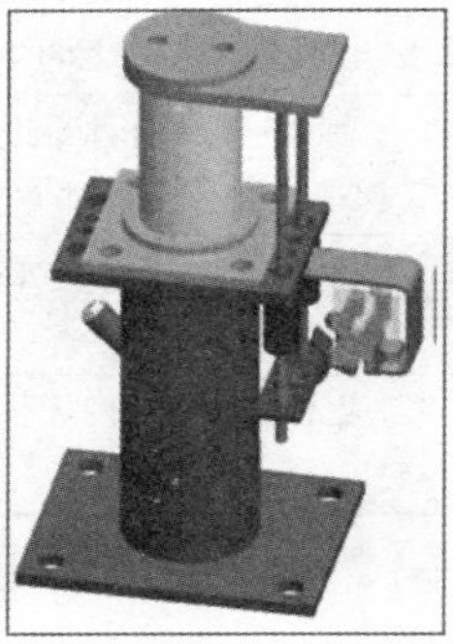	1. 缓冲器的安装螺栓无松动、无漏油现象（若油量不足应加N32机油至标准值），活塞部分的盖无破损。 2. 开关压量标准为2~3 mm，且固定良好。 3. 缓冲器须加防尘套。 4. 压缩部分须涂黄油防止生锈	电梯轿厢在二层距离以上检修向上运行，用手把缓冲器向下压缩15 mm，缓冲器开关断电梯能立即停止运行
底坑急停开关		1. 急停开关功能有效。 2. 急停开关应当设置在进入底坑时和底坑地面上均能方便操作的位置	电梯检修运行时，按下急停开关，电梯必须停止运行

续表

项目	图示	标准	作业方法
限速器张紧轮装置和电气安全装置		1. 张紧轮重锤离底坑地面距离要求由电梯额定速度决定，根据张紧轮型号调整张紧轮开关使开关打板与开关行程符合要求。 2. 张紧轮下落限位支架的下落行程须大于张紧轮打板与开关的距离	1. 调整限速器钢丝绳长度，使张紧轮重锤离地距离符合标准。 2. 调整张紧轮开关使打板和开关的行程满足要求。 3. 电梯检修运行时，手动动作张紧轮开关电梯应立即停止运行
限速器张紧轮开关		1. 张紧轮重锤离地距离，其中应以张紧轮下方投影范围内最近点计算张紧轮离地实际尺寸。 2. 线缆无破损且接驳处紧固（用闭端端子压接、无裸露）。 3. 开关接线端子紧固良好，无锈蚀现象。 4. 开关动作顺畅、无卡顿；开关接触电阻小于 25 MΩ	1. 一人将轿厢检修运行至合适位置后，一人从最底层进入底坑。 2. 测量张紧轮离地高度距离；测量张紧轮开关与打板距离（张紧轮离地高度距离不足时，须尽快对限速器钢丝绳进行裁绳处理）。 3. 轿厢检修向上运行，运行时手动按压开关，确认开关动作顺畅，动作时电梯立即停止运行，开关复位后，电梯可继续运行。 4. 检查开关到底坑检修箱之间电缆是否破皮、接驳处是否用闭端端子压接紧固（压接后再用胶布包扎防尘防水）。 5. 拆开开关外壳，检查接线端子是否生锈，如生锈，须立即更换。 6. 底坑严重潮湿，存在渗水、漏水现象的电梯，采用更换防护等级 IP67 的开关予以应对。 注意：限速器张紧轮开关属免维护器件，不需要对开关进行拆解保养，仅需按上述步骤进行检查、确认

133

项目	图示	标准	作业方法
底坑急停开关 PIT. S	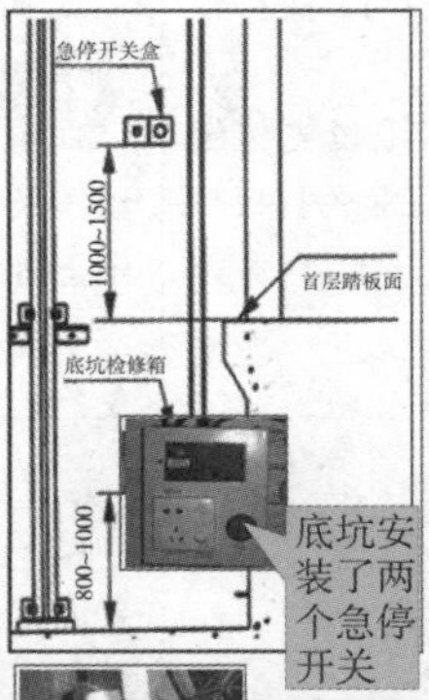 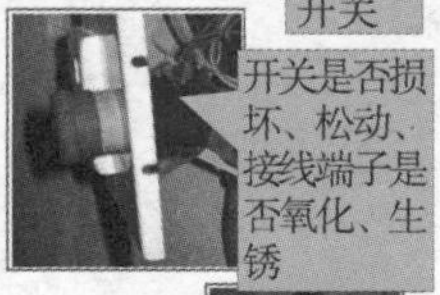  急停开关盒 1000~1500 首层踏板面 底坑检修箱 800~1000 底坑安装了两个急停开关 开关是否损坏、松动、接线端子是否氧化、生锈 底坑检修箱内的接线端子生锈后必须更换	1. 急停开关按下时，电梯无法运行。 2. 急停开关恢复正常时，电梯正常运行。 3. 开关无松动和动作顺畅。 4. 检修箱内部开关接线紧固，接线端子无锈蚀。 5. 急停开关电缆无破损，线缆接驳处紧固（用闭端端子压接），无裸露。 6. 开关接触电阻为 50 MΩ	1. 一人将轿厢检修运行至合适位置后，一人从最底层进入底坑。 2. 轿内慢车上行，运行时手动按压开关，确认开关动作顺畅，动作时电梯立即停止运行；开关复位后，电梯可继续运行慢车。 3. 拆开底坑检修箱盖板，检查开关接线有无松动，接线端子是否锈蚀，如出现锈蚀现象，证明底坑检修箱曾进水或受潮严重，须对检修箱整体进行更换。 4. 观察电梯运行时，轿厢部件、随行电缆等有否与急停开关干涉现象。 5. 检查急停开关接线端子压接紧固，没有水痕、锈蚀现象。 6. 底坑严重潮湿，存在渗水、漏水现象的电梯，采用更换防水型检修箱予以应对
底坑缓冲器开关	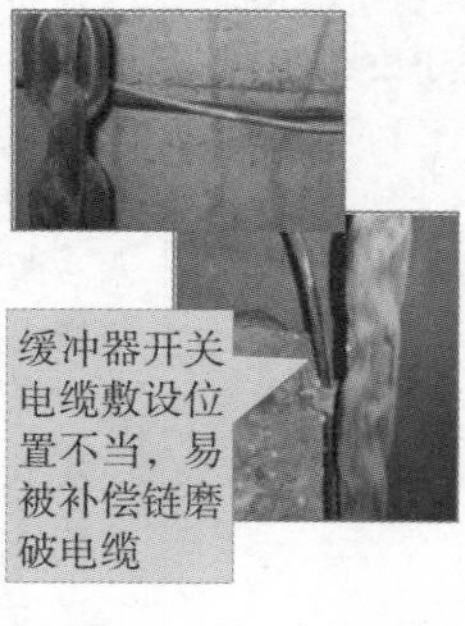 缓冲器开关电缆敷设位置不当，易被补偿链磨破电缆	1. 补偿链离地判断标准：离地高度应为（200±50）mm。 2. 对重缓冲器的开关电缆应该避开补偿链运动路径。 3. 缓冲器电缆无破皮和裸露，接驳位用闭端端子压接紧固	1. 一人将轿厢检修运行至合适位置后，一人从最底层进入底坑。 2. 轿厢运行慢车，运行时手动按压开关或压动缓冲器活塞柱，确认开关动作顺畅，动作时电梯立即停止运行；开关复位后，电梯可继续运行慢车

项目	图示	标准	作业方法
底坑缓冲器开关	    开关与打板距离：2~3mm 开关触点超行程：2~3mm 电缆接触不良 补偿链过长缠绕缓冲器	4. 底坑缓冲器开关有以下两种类型： （1）凸轮开关： ①检查凸轮开关触点，表面应无氧化、硫化现象； ②凸轮开关动触点同时接触误差小于 0.5 mm。 （2）限位开关。 ①打开开关盖板，检查接线端子是否生锈，如出现，需立即更换； ②确认开关动作顺畅； ③开关与打板距离为 2～3 mm	3. 为防止缓冲器开关误动作，必须保证凸轮开关触点压下量为 2～3 mm，或限位开关与打板之间的距离为 2～3 mm。 4. 检查接线是否出现锈蚀，触点是否有氧化、硫化情况，轻微氧化硫化时，可用干净棉布或 CRC 精密电气清洁剂清洁，并在 3 个月内再次检查；触点表面明显发黑时，用 2000#砂纸轻擦动触点上的氧化、硫化层。 5. 打开开关盖板，检查接线端子是否生锈，如生锈，须立即更换。 6. 检查缓冲器开关线路应避开补偿链运动轨迹，以免被刮破导致 48 V 对地或安全回路断开故障；检查开关电缆有无接驳位，是否用闭端端子压接紧固后再用胶布包扎防尘防水。 7. 检查补偿链在运动过程中是否出现与缓冲器干涉不良（补偿链明显积气时会产生较大晃动）

项目	图示	标准	作业方法
电梯检修平台开关	   要求检修平台锁扣紧固 开关安装紧固不良导致摇臂动作角度出现偏差 灰尘、细砂的进入，会导致触点接触异常，影响开关的可靠性	1. 检修平台锁扣紧固。 2. 检修平台开关安装紧固，开关摇臂自然下垂。 3. 检修平台打开时安全回路断开，电梯无法运行。 4. 在检修平台收起状态下，护栏与支架的夹角为5°，检修平台限位开关 NC 触点在7°以内闭合，在18°位置时触点绝对分断。 5. 开关接触电阻为 25 mΩ	1. 一人在厅外 IP 柜将轿厢运行至合适位置后，另一人从最底层进入底坑。 2. 检查检修平台电磁锁是否能将检修平台锁扣紧固，在检修平台收起状态下，护栏与支架的夹角为5°（当检修平台未能完全收起，导致护栏与支架的夹角稍大于5°时，其开关触点会存在接触不良的故障隐患）。 3. 检查检修平台开关摇臂是否自然下垂，摇臂是否与其他电缆或线槽干涉。 4. 厅外检修向上运行电梯，运行过程中拉开检修平台，电梯立即停止运行，开关复位后，电梯可继续运行。 5. 检查检修平台开关安装是否紧固，检修平台固定稍有倾斜或开关紧固不良导致有倾斜时，检修平台开关触点会存在接触不良的故障隐患。 6. 检查开关电缆接线与其他安全回路串连接驳处所用闭端端子压接紧固情况，确认压接线没有锈蚀后再用胶布包扎闭端端子以防尘防水

第六章

电梯检验检测试验规范

导读：电梯作为一类特种设备是垂直交通工具的重要组成部分，其安全运行的重要性得到政府部门的高度重视，从监督管理到检验检测，标准底蕴、法规监管、安全技术规范可执行。电梯的运行试验、超载荷试验、限速器—安全钳联动试验、上行超速保护试验、下行制动试验、轿厢意外移动试验都是验证电梯能否安全运行的极限验证方法。本章内容主要围绕TSG T7001 检验规则分析电梯检验过程中的试验方法。除了厂家的型式试验，现场安装结束后的监督检验，每年一度的定期检验都涉及功能试验。

本章内容主要从图 6 – 1 所示几个方面展开叙述。

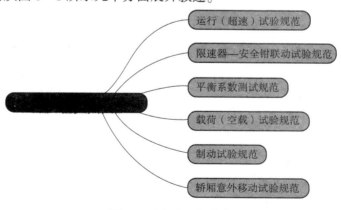

- 运行（超速）试验规范
- 限速器—安全钳联动试验规范
- 平衡系数测试规范
- 载荷（空载）试验规范
- 制动试验规范
- 轿厢意外移动试验规范

图 6 – 1　本章主要内容

第一节　运行（超速）试验规范

根据 TSG T700X 系列检验规则及 GB7588 的规定，电梯安装结束后需要进行一系列的功能性试验，此外，每年一度的定期检验也要进行部分功能性试验。这些功能性试验主要是验证电梯的安全性能是否符合标准的要求，是否符合安全乘用、乘坐舒适的需求，本节内容主要为电梯上行超速保护试验、电梯运行试验两个项目。

一、电梯上行超速保护试验

TSG T700X 系列检验规范规定，当轿厢上行速度失控时，轿厢上行超速保护装置应当动作，使轿厢制停或使其速度降低至对重缓冲器的设计范围，该装置动作时，应当使一个电气装置动作。该项功能试验，要求由施工或维护保养单位按照制造单位规定的方法进行试验，并由检验人员现场观察、确认。因此，本部分分析的内容属通用内容，即比较普遍的试验方法，实际现场应结合制造厂家的规定灵活运用。

（一）上行超速保护装置的组成

《电梯制造与安装安全规范》（GB 7588—2003）规定，曳引驱动电梯上应装设符合下列要求的轿厢上行超速保护装置，该装置包括速度监控和减速元件，应能检测出上行轿厢的速度失控，其下限是电梯额定速度的115%，上限按标准规定设置，并应能使轿厢制停或使其速度降低至对重缓冲器的设计范围。

（1）当速度监控元件发出触发信号时，执行机构应立即无延迟地制停电梯或使其减速至对重缓冲器设计的范围内。在整个减速过程中，测得的最大加速度不应大于重力加速度；（对重缓冲器的设计范围）。

（2）如果上行超速保护装置需要外部的能量来驱动，当该能量消失时，该装置应能使电梯制动并使其保持停止状态，带导向的压缩弹簧除外。

上行超速保护装置由速度监控元件和执行机构两个部分构成，在电梯上行超速时，速度监控元件应能检测出轿厢超速信号，并以机械或电气方式触发执行机构工作，使电梯制停或减速至对重缓冲器设计的范围内。

上行超速保护装置的速度监控元件有多种类型，如安全绳、限速器等。限速器因其结构简单、运行可靠，在电梯中得到了广泛应用。轿厢上行超速保护装置执行机构可以分成如下几种类型。

（1）安装在轿厢上，通过夹持导轨工作，常见的有双向安全钳、制动夹轨器等，如图6-2所示。

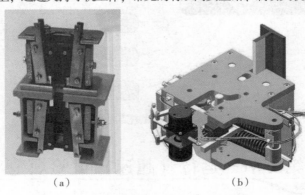

（a） （b）

图 6-2 双向安全钳及制动夹轨器
（a）双向安全钳；（b）制动夹轨器

（2）安装在对重上，通过夹持导轨工作，常见的有对重安全钳等。

（3）安装在悬挂钢丝绳或补偿钢丝绳上，通过夹持悬挂钢丝绳或补偿钢丝绳工作，这种型式的执行机构称为夹绳器，如图6－3所示。

图6－3 夹绳器

（4）安装在曳引轮或者最靠近曳引轮的轴上，通过夹持曳引轮或直接与曳引轮连接的轴工作，这种型式的上行超速保护装置执行机构称为制动器，如图6－4所示。无齿轮或者皮带传动曳引机的制动器一般就装在曳引轮中或直接作用于与曳引轮连接的轴，如果其性能能够满足上行超速保护的要求，则可以认为其制动器就是执行机构。

图6－4 制动器

（二）上行超速保护装置功能试验

无齿轮曳引电梯上行超速保护试验方法：作用在曳引轮的上行超速保护装置（这里指采用永磁同步电动机驱动的电梯）。由于将符合《电梯制造与安装安全规范》第9、10、11条的装置（制动器）作为电梯的上行超速保护装置的一个部件，则按照第9、10、11条规定，该装置被认为是安全部件，需要根据F7的要求进行型式实验。所以安装验收时，安装公司首先必须提供该永磁同步曳引机的上行超速保护型式实验报告；其次制动器上应设置轿厢上行超速保护装置的铭牌。

1. 试验条件

（1）该试验必须有两名以上专业人员方可进行，一人试验，另一人观察监视，当发现电梯异常或有危险时立即切断主电源开关，待排除异常危险后方可继续进行。

（2）对重缓冲装置必须按标准要求安装到位，平衡块防震动压板固定可靠，平衡系数须符合要求。

（3）轿厢、轿顶严禁载人、载物。

（4）电梯正常运行时抱闸制动可靠。

（5）限速器及各安全开关灵活可靠。

（6）查看限速器铭牌及调试报告，检查上行超速动作速度是否符合要求。

2．试验方法

（1）电梯轿厢停靠最底层，处于检修状态。

（2）关闭主电源控制柜急停开关，拆除同步电动机封星回路，修改抱闸电路，使其只受安全电路接触器和抱闸接触器控制并确认。

（3）开启主电源开关，打开控制柜急停开关，使电梯自由向上滑行，当上行速度超过限速器调整动作速度后，连动开关动作并断开安全回路，抱闸线圈失电抱闸刹车。

（4）同时测得相关数据。

（5）试验完毕后恢复修改电路。

有齿轮曳引机上行超速保护装置试验方法：轿厢空载以额定速度上行，并通过模拟方法使超速保护装置的速度监控部件动作，检查轿厢上行超速保护装置是否动作，电梯轿厢是否可靠制停，同时电气安全装置动作是否使电梯曳引机立即停止转动。

3．注意事项

（1）电梯应空载。对装设安全钳的轿厢的上行超速保护装置要以检修速度来试验。

（2）如果作用在曳引轮的上行超速保护装置是由限速器和永磁同步无齿轮曳引机的制动器两部分组成的，那么该制动器的电磁线圈的铁芯应视为机械部件，而电磁线圈则不是，即电磁线圈可以只有 1 个，铁芯分 2 个装设。2 个铁芯必须相互独立，当 1 个铁芯被卡住时，另 1 个铁芯仍能动作，仍有足够的制动力使载有额定载荷以额定速度下行的轿厢减速下行。

（3）松闸溜车（上行）过程中，一旦开关动作（指机械动作），应立即松手停车。另外应时刻判明轿厢所在的位置，一旦到达最高层，机械仍未动作应立即停车。特别是对于低楼层电梯，有些由于溜车（上行）距离不够，不能超过设定的超速范围（这种情况比较少见），此时应立即合闸，使电梯停止运行。这种情况下可以考虑用限速器测试仪 EC－900 来验证。

（4）人为使限速器开关动作时，若轿厢不制停，应立即采取相应措施（如切断主电源开关或打急停开关），等故障排除后再试验。

（5）通过限速器动作开关来实现上行超速保护装置的，其调节部位应有封记，封记不应有移动痕迹。对封记移动或动作出现异常的限速器及使用周期达到 2 年的限速器，应进行限速器动作速度校验。

二、电梯运行试验

电梯运行试验是综合考核曳引机、减速箱、制动器、门电动机、电气装置等部件质量和安装质量的综合试验。

（一）电梯运行试验总要求

轿厢分别空载、满载，以正常运行速度上、下运行时，呼梯、楼层显示等信号系统功能有效、指示正确、动作无误，轿厢平层良好，无异常现象发生；对于设有 IC 卡系统的电梯，轿厢内的人员无须通过 IC 卡系统即可到达建筑物的出口层，并且在电梯进入检修、紧急电动运行状态以及消防、地震等紧急状态时，能自动退出 IC 卡系统功能。

电梯运行试验应分别在空载、平衡载荷（根据平衡系数测定时的平衡载荷率确定，一般为 40% ~ 50%）和满载 3 种状态下，以通电持续率大于 40% 以上，往复运行 1.5 h，电梯应运行平稳、制动可靠、曳引机上的电动机和减速箱温升小于 60 ℃。

通电持续率是指在单位时间里，曳引电动机通电运行时间相对总试验时间的百分比。例如，通电持续率为 40%，即在 1.5 h 内，曳引电动机通电运行的累计时间为 36 min。

（二）运行试验过程中的检测内容

（1）轿厢运行时振动的检测。包括启动、运行和制动过程的加、减速度的测定。

（2）制动器工作状态检查。电梯运行时，制动闸皮应均匀离开制动轮，不产生摩擦，但制动闸皮与制动轮之间的间隙应小于 0.7 mm。当电梯制动时，制动闸皮应均匀紧贴在制动轮上（能将荷载为 150% 额定荷载的轿厢可靠地刹紧）。

（3）曳引机及减速箱的检查。曳引机在运行中不应明显地跳动或振动，减速箱不应有冲击声或异常摩擦声。

（4）曳引电动机电流及电梯速度的测量。电梯空载下行或满载上行时（两个最大曳引力矩状态），曳引电动机的最大工作电流不应超过其额定电流，启动电流不应超过曳引电动机的额定电流的 2.5 倍；电梯以平衡负载作上、下行时，其上行电流与下行电流应基本相同，差值不应超过 5%；电梯以正常速度运行时，其曳引速度应接近电梯额定速度（可略低于额定速度 5%）。

（5）电梯控制系统功能的确认。电梯控制功能应能达到设计所要求的功能，且运行平稳、制动可靠。

（6）试运行后的检测内容。对减速箱的油温及温升、制动器的温升以及各轴承的温升一般不允许超过 60 ℃（温升是指实测的温度值减去环境温度值的差值），最大不超过 85 ℃。

第二节　限速器—安全钳联动试验规范

一、限速器—安全钳联动试验总要求

1. 施工监督检验

轿厢装有下述载荷，以检修速度下行，进行限速器—安全钳联动试验，限速器、安全钳动作应当可靠。限速器—安全钳结构如图 6 - 5 所示。

（1）瞬时式安全钳。轿厢装载额定载重量，对于轿厢面积超出规定的载货电梯，以轿厢实际面积按规定所对应的额定载重量作为试验载荷。

（2）渐进式安全钳。轿厢装载 1.25 倍额定载重量，对于轿厢面积超出规定的载货电梯，取 1.25 倍额定载重量与轿厢实际面积按规定所对应的额定载重量两者中的较大值作为试验载荷；对于额定载重量按照单位轿厢有效面积不小于 200 kg/m² 计算的汽车电梯，轿厢装载 1.5 倍额定载重量。

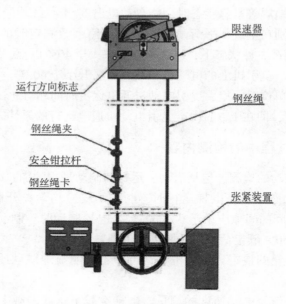

图 6 - 5　限速器—安全钳结构

2. 定期检验

轿厢空载，以检修速度下行，进行限速器—安全钳联动试验，限速器、安全钳动作应当可靠。

二、限速器安全钳的作用及动作原理

1. 限速器安全钳的作用

限速器是检查电梯的速度是否处于危险状态的装置，并通过安全钳的动作来使电梯制停。当电梯由于控制装置发生故障、曳引力不足、制动器失效或钢丝绳断裂等导致轿厢超出安全运行速度时，限速器会触动超速开关，切断电梯安全电路，使电梯停止运行。但这种停止依靠的是制动器，若此时超速开关或制动器失效时，则限速器通过钢丝绳拉动安全钳，并通过安全钳夹紧导轨来使轿厢停止。限速器和安全钳动作后，必须将轿厢（对重）提起，并经专业人员调整后方能恢复使用。

2. 限速器安全钳的动作原理

限速器旋转轮盘上有两个离心甩块，用弹簧将其拉向限速器轮轴。轿厢驱动限速器绳来带动限速器轮旋转时，两个甩块在离心力作用下克服弹簧拉力向外摆动，速度越高，摆角越大。某个速度对应的摆角大小，与弹簧拉力有关，弹簧拉力可以调整。轿厢正常运行时，离心甩块的摆角不足以使开关和限速器绳夹持机构动作。

（1）当速度达到额定速度的 115% 时，甩块向外摆角增大到断开电开关，切断急停回路，促使电梯停止运行。当电气控制系统失灵，没能使电梯减速停车，甩块外摆角继续增大。

（2）当达到额定速度的 120%～140% 时，绳夹持机构动作，夹绳钳将绳夹持在绳槽中。

由于夹绳钳由弹簧支承，因此这种夹持方式是弹性的。夹持力大小取决于弹簧压力，该压力可以调整。限速器绳被夹持后，拉动安全钳拉杆，使安全钳动作，将轿厢制停在导轨上。

限速器和安全钳如图6-6所示。

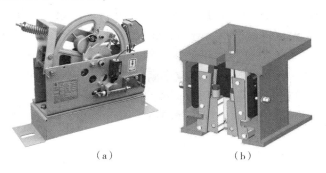

（a）　　　　　　　　　　　（b）

图6-6　限速器及安全钳

（a）限速器；（b）安全钳

三、限速器—安全钳联动试验方法

1. 试验条件

（1）瞬时式安全钳，轿厢应载有均匀分布的额定载荷。

（2）渐进式安全钳，轿厢应载有均匀分布125%的额定载荷。

（3）轿厢处于检修运行状态。

（4）轿厢内无人。

（5）定期检验时在轿厢空载下进行。

2. 试验步骤

（1）在机房操作平层或慢速下行。

（2）人为使限速器电气开关动作，电梯停止运行，证明限速器电气开关有效。

（3）短接限速器与安全钳电气开关，人为使限速器机械动作，此时限速绳应被卡住，安全钳拉杆被提起，安全钳开关和楔块也动作，曳引机停止转动，制动器失电抱闸，下行按钮不起作用。

（4）在机房操作检修下行，此时曳引绳应在曳引轮上打滑，验证轿厢已被制停在导轨上，操作时应迅速，见到曳引绳打滑应即刻停机。

（5）检查轿底相对原位置倾斜度应不超过5%。

（6）在机房以慢速使电梯上升，限速器与安全钳应复位。

（7）拆除限速器、安全钳电气开关短接线，手动复位已动作的限速器和安全钳电气开关，电梯恢复正常运行。

（8）检查导轨受损情况并予以修复，判定安全钳楔块与导轨之间的间隙是否符合标准。

3. 注意事项

为防止限速器—安全钳联动试验失效及误动作，除了上文涉及的限速器、安全钳因素外，还需要特别注意以下几点。

（1）在做限速器—安全钳联动试验前，必须先完成平衡系数试验且试验结果应合格。

（2）轿厢装载重物时，摆放单边受力不均，会导致安全钳楔块与导轨的间隙变小，引起误动作。

（3）当电梯轿厢的负荷（自重与额定载重量）较大时，应注意导轨支架间距尽可能小（不得太低于设计要求值），还应注意螺栓的规格、材料等因素。如果不加以注意，很有可能在做完限速器—安全钳联动试验后，导轨、轿厢被制停挤变形。

（4）新安装的电梯，如果试验时出现安全钳制停不了轿厢，不能随意增大安全钳拉杆上的弹簧力或减小安全钳模块与导轨的间隙来满足制停，以免安全钳产生误动作，而是要按照制造厂设定的安全钳模块与导轨的间隙值及允差为依据来调整。同时，还要排查其他原因，如将新导轨表面出厂时涂有的一层防锈油清洗掉，看是否满足制停。

四、限速器—安全钳联动试验图解

电梯限速器—安全钳联动试验必须符合下列规定：

（1）限速器与安全钳电气开关在联动试验中必须动作可靠，且应使驱动主机立即制动。

（2）对瞬时式安全钳，轿厢应载有均匀分布的额定载重量；对渐进式安全钳，轿厢应载有均匀分布的125%额定载重量。当短接限速器及安全钳电气开关，轿厢以检修速度下行，人为使限速器机械动作时，安全钳应动作可靠，轿厢必须制动可靠，且轿底倾斜度不应大于5%。

下面以DS−8WS1G及DS−6SS1B型限速器—安全钳联动试验为例进行说明。

1. DS−8WS1G型限速器—安全钳联动试验步骤如表6−1所示。

表6−1　DS−8WS1G型限速器—安全钳联动试验步骤

阶段	步骤	图示	说明
安全钳联动试验	1	图略	进入轿顶，将轿顶检修开关置"ON"，电梯开至顶层与次顶层之间，把门电动机开关置"OFF"，手动将轿门关上
	2		机房断开FFB开关
	3	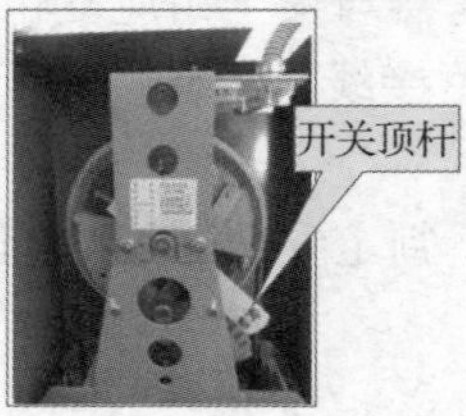 开关顶杆	拨动限速器开关顶杆，确认开关、打板能自动坠落，且开关静触点分离，合上FFB开关
	4	图略	确认继电器50B释放。在轿顶检修状态下，分别按住下方向、上方向运行按钮，电梯不能运行

阶段	步骤	图示	说明
安全钳联动试验	5	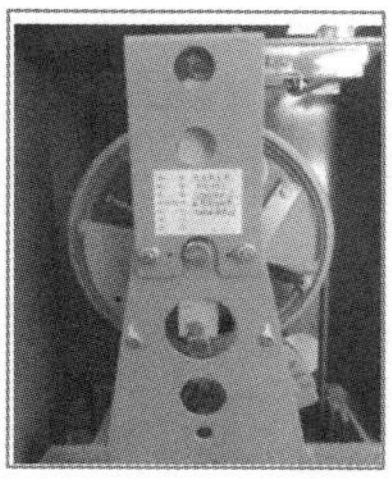	断开 FFB 开关，将开关打板顶杆复位，合上 FFB 开关确认继电器 50B 吸合
	6	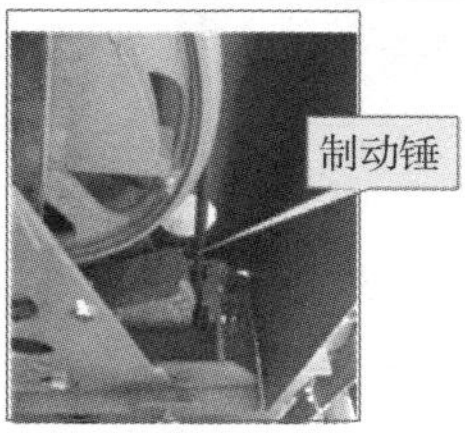 制动锤	断开 FFB 开关，放下限速器制动锤，用短接线（夹）短接 GRS 开关（根据实际梯种在端子排上进行短接），合上 FFB 开关，确认继电器 50B 吸合
	7	 安全钳开关（SCS）	电梯检修下行，确认轿顶安全钳开关（SCS）动作，继电器 50B 释放，电梯停止运行
	8	图略	断开 FFB 开关，用短接接线（夹）短接 SCS 开关接线（根据实际梯种在端子排上进行短接），合上 FFB 开关，确认继电器 50B 吸合
	9	图略	在轿顶检修下方向运行，确认曳引钢丝绳在曳引轮上打滑或者轿厢不能运行。当打滑 3/4 圈后，停止电梯运行。检查轿厢地板前后和左右的水平度都在 1/30 以内
	10	图略	电梯检修上行，使轿厢向上移动至楔块可以落下为止。断开 FFB 开关，将短接线（夹）拆除，使制动锤、限速器开关、SCS 开关复位。复位时必须断开 FFB 开关，小心夹手
	11	图略	试验结束后确认限速器、限速器钢丝绳没有损坏，同时按标准确认钳嘴、楔块与导轨面之间的间隙无误。电梯首先进行检修上下运行确认，其次进行正常短站上下运行确认，最后进行正常长站上下运行确认，全部正常后电梯恢复正常使用

2. DS－6SS1B 型限速器—安全钳联动试验步骤如表 6－2 所示。

表 6－2　DS－6SS1B 型限速器—安全钳联动试验步骤

阶段	步骤	图示	说明
限速器超速开关动作测试操作步骤	1	锁定螺丝　DS-6SS1B 型限速器	拧松限速器锁定螺丝
	2	SGRS限速器位置开关	在厅外检修柜上操作，使电梯慢车下行。按下 SGRS 按钮，限速器置位线圈动作而使限速器超速开关动作，安全回路断开，电梯急停
	3	EED安全回路短接开关　RGRS限速器复位开关	把 EED 开关拨到"短接"位置上，短接限速器超速开关；让电梯慢车上行，按下 RGRS 按钮，使限速器复位线圈动作，限速器超速开关复位
	4	图略	把 EED 开关拨到"正常"位置上，如果电梯安全回路正常，说明限速器超速开关复位成功。如果安全回路还是断开，重新按步骤 3 操作
	5	图略	测试完毕后，把限速器锁定螺丝拧紧
安全钳动作测试操作步骤	1	图略	拧松限速器锁定螺丝。
	2	图略	在厅外检修柜上操作，使电梯慢车下行。按下 SGRS 按钮，限速器置位线圈动作而使限速器超速开关动作，安全回路断开，电梯急停
	3	图略	把 EED 开关拨到"短接"位置上，短接限速器超速开关；让电梯慢车继续下行，直到安全钳动作，电梯急停为止
	4	图略	把 EED 开关保持短接，让电梯慢车上行，安全钳复位；按下 RGRS 按钮，使限速器复位线圈动作，限速器超速开关复位
	5	图略	把 EED 开关拨到"正常"位置上，如果电梯安全回路正常，说明安全钳测试成功。如果安全回路还是断开，重新按步骤 4 操作
	6	图略	测试完毕后，把限速器锁定螺丝拧紧
注意事项			请勿持续按住线圈置位按钮 SGRS 或线圈复位按钮 RGRS 超过 5 s，否则有烧坏线圈的危险。在按下置位或复位按钮后，如果限速器超速开关没相应动作，可以多按几次复位或置位开关，但间隔时间不少于 5 s。多次按下按钮后，如果限速器超速开关还是没相应动作，请按"限速器接线说明"检查接线情况并检查锁定螺丝是否已拧松

第三节 平衡系数测试规范

一、平衡系数的作用

电梯的驱动有曳引驱动、强制驱动、液压驱动等多种方式，其中曳引驱动是现代电梯应用最普遍的驱动方式。曳引电梯的轿厢与对重通过钢丝绳分别悬挂于曳引轮的两侧，轿厢与对重装置的重力使曳引钢丝绳压紧在曳引轮的绳槽内。电动机转动时由曳引轮的绳槽对曳引钢丝绳的摩擦力，带动钢丝绳使轿厢与对重作相对运动（轿厢在井道中沿导轨上下运行）。平衡系数是曳引式驱动电梯的重要性能指标，利用对重可以部分平衡轿厢及轿内负载的重量，使曳引电动机运行的负荷减轻。由于轿厢内负载的大小是经常变化的，而对重在电梯安装调试完毕后已经固定，不能随时改变，因此为使电梯的运行基本上接近于理想的平衡状态，就要选择一个合适的平衡系数，它表示对重与轿厢（含载重量）相对曳引机的对称平衡程度。因此，每台曳引式电梯的安装调试与验收检验都必须进行平衡系数检测检验。平衡系数与对重总重量、轿厢自重以及轿厢额定载重量之间的关系为

$$W_d = G + KQ$$

式中：W_d——对重总重量，N；

G——轿厢自重，N；

Q——电梯轿厢额定载重量，N；

K——平衡系数（40%~50%）。

二、平衡系数的载荷测定方法

交流电梯的曳引力矩主要由曳引电动机的驱动电流值（或电压值——对直流电梯而言）来反映，同时与曳引电动机的转速有关。当电梯在一定的荷载下运行，并且对重和轿厢处于同等高度时，假如此时的电梯上行曳引力矩等于下行曳引力矩，说明电梯轿厢与对重是平衡的，则认定该载荷率（处于40%~50%）即为该电梯的平衡系数。

为了能正确地反映曳引力矩与载荷率的变化规律，《电梯试验方法》（GB/T 10059—2009）中规定，电梯应分别在30%、40%、45%、50%、60%的额定载荷下，上行和下行时对重和轿厢在同一水平位置时，交流电动机测量电流值，直流电动机测量的电流值和电压值。通过录制上行时电流（电压）–负荷曲线，找出这两条曲线的相交点，该相交点所对应的载荷率即为该电梯平衡系数。

1. 平衡系数粗略测试法

给轿厢加入额定载重量50%的载荷，将电梯运行到提升总高度的一半处，在机房关掉电梯总电源，设法盘车使轿厢与对重在同一水平面上；由两人配合，一人松闸，一人用手紧握盘车手轮并转动，如果左右转动感觉用力相当、轻松自如，并且在手松开时电梯不向任何方向溜车，则说明平衡系数差不多；否则，应该调整对重块数量使之达到平衡。

2．平衡系数精确测定方法

交流双速电梯、ACVV（交流调压调速）电梯可以测试电动机的进线端（或总电源盒的出线端）；直流电梯可以测试电动机进线电压或功率值；而 VVVF（交流变压变频调速）电梯必须测试变频器的进线端。

3．平衡系数的调整

如果平衡系数偏小（低于40%），说明电梯的载重量变小，应该增加对重的重量；由不足的百分比和额定载重量换算出对重侧需要增加对重块的数量，并加到对重架上。反之，平衡系数偏大，应该减少对重的重量。

平衡系数测试记录样表如表6-3所示。平衡系数曲线样图如图6-7所示。

表6-3　平衡系数测试记录样表

测试重物类型	☑砝码 □水泥 □其他						轿厢地面装潢材质					□PVC ☑大理石	
平衡系数	48%						轿底平衡块数量及重量					—	980 N
贯通门	□有 ☑无						铸铁对重块数量及重量					—	—
补偿链	☑有 ☑无						水泥对重块数量及重量					28	509.6 N
负荷试验	上行							下行					
荷重（%）	0	30	40	50	60	100	125	0	30	40	50	60	100	125
载重/kg	0	300	400	500	600	1 000	1 250	0	300	400	500	600	1 000	1 250
电流/A	0.6	1.0	1.8	4.5	7.3	11.5	16.7	11.0	7.1	5.8	3.7	1.2	1.0	0.6

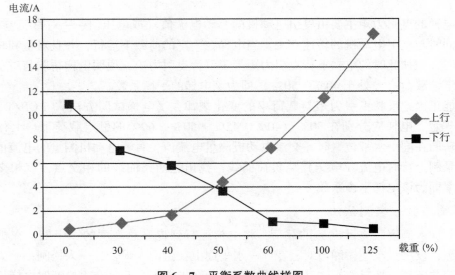

图6-7　平衡系数曲线样图

148

注意：

依据《电梯监督检验和定期检验规定》（TSG T7001—2009）中第 8 条、第 5 条规定，当轿厢以不同载重作上下全程运行，当轿厢和对重运行到同一水平位置时，记录电动机的电流值，绘制电流 – 负荷曲线以上、下行运行曲线的交点确定平衡系数。以电动机电源输入端为电流检测点（但若测量数据不准，变动太大，请远离测量源，以电源输入端为电流检测点）。

三、平衡系数仪器测定方法

前面叙述的平衡系数测定方法是最原始的测量方法，即用砝码加载来测定，需要耗费大量的劳动力。随着科学技术的发展，目前无载状态下测定平衡系数的方法已经标准化、成熟化。本节内容主要介绍根据《电梯平衡系数快捷检测方法》（T/CASEI T101—2015）开发的一类检测仪器使用方法。

1. 检测对象

平衡系数是曳引式电梯最重要的技术参数之一，合理的平衡系数是保障曳引式电梯正常工作的必备条件。因此，每台曳引式电梯的安装调试与验收检验都必须进行平衡系数检测检验。

2. 设计原理

在电梯空载工况从底层至顶层全程往返运行的过程中，实时测量并记录轿厢和对重运行到同一水平位置时的轿厢上行速度与下行速度数据、驱动电动机上行功率与下行功率数据；依据曳引式电梯空载工况的运行功率、运行速度、运行效率与驱动载荷的函数关系，建立求解电梯平衡系数的非线性数学方程式，使用专用计算机软件求解电梯平衡系数的精确数值。

3. 仪器构成

平衡系数测试仪如图 6 – 8 所示。

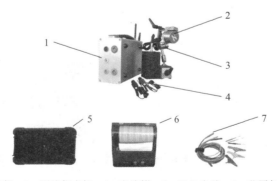

1—测量主机；2—测速仪；3—测速仪支架；4—电流钳；5—PAD 电脑；6—蓝牙打印机；7—电压连接线。

图 6 – 8　平衡系数测试仪

4. 平衡系数测试仪使用方法

（1）安装测速装置到限速器上或钢丝绳上，如图 6 – 9 所示。

（2）安装电流钳及电压线检测线，电压及电流采集要靠近电动机端，电流钳上箭头指向电动机方向，电流钳颜色要与电压连接线相对应，如图 6 – 10 所示。

图 6 - 9　安装测速装置

图 6 - 10　安装电流钳及电压线检测线

（3）电压线及电流连接线按照颜色指示插入检测主机对应接口。

（4）安装天线，如图 6 - 11 所示。打开测速模块电源、测试主机电源、PAD 电源。

图 6 - 11　安装天线

（5）双击桌面快捷方式图标，进入测量主界面，如图 6 - 12 所示。

（6）单击"**中　文**"按钮或"English"按钮，选择界面语言（以下操作说明以中文版为例）。填入设备编号、检测单位、送检单位、计量证书、检验人员等信息，或者单击输入框后面的图标，在弹出列表框中进行点选，每次测量后信息会自动保存，方便下次调取。

（7）单击"⬛"按钮，进入主界面，如图 6 - 13 所示。

（8）单击右上角"⬛"按钮，进行设备连接，设备连接成功后变为蓝色。

图 6 – 12　测量主界面

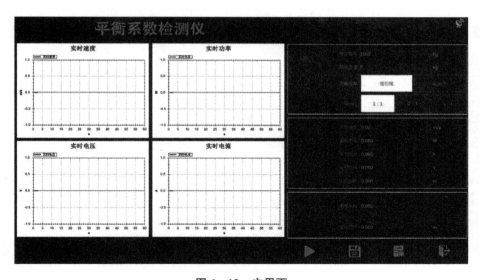

图 6 – 13　主界面

（9）输入额定载荷、装修质量，选择曳引比、选择速度测量位置。

（10）将电梯运行到顶层（或底层），单击"▶"按钮后，将电梯运行至底层（或顶层），单击"■"按钮。再次单击"▶"按钮后，将电梯运行至顶层（或底层），单击"■"按钮。最后单击"▦"按钮，计算平衡系数。

（11）在电梯运行过程中，同时触发电梯的急停开关和同步触发开关，对实时距离进行清零，检测制停距离（实时距离显示的数据即制停距离）。

（12）单击"▦"按钮进行数据保存。

（13）单击"▦"按钮，进入历史数据查看界面，如图 6 – 14 所示。

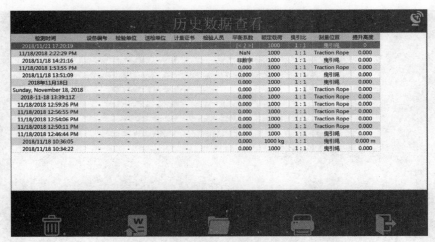

图 6 – 14　历史数据查看界面

（14）单击右上角"📶"按钮，进行打印机连接，选择需要打印的数据，单击"🖨"按钮，打印测量数据。

（15）单击"🗑"按钮对数据进行删除处理；单击"💾"按钮，可导出检测报告；单击"📁"按钮，可查看导出检测报告，如图 6 – 15 所示。

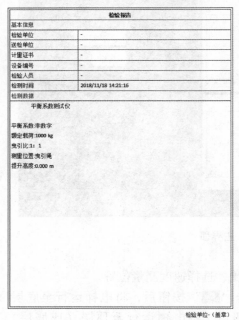

图 6 – 15　检测报告

（16）单击"🚪"按钮，退出到主界面。

第四节　载荷（空载）试验规范

一、空载曳引力试验

（一）空载曳引力试验的本质

《电梯制造与安装安全规范》（GB 7588—2003）（以下简称03标准）规定钢丝绳曳引应满足以下3个条件：

（1）轿厢装载至125%或规定额定载荷的情况下应保持平层状态不打滑。

（2）必须保证在任何紧急制动的状态下，不管轿厢内是空载还是满载，其加速度的值不能超过缓冲器（包括减行程的缓冲器）作用时加速度的值。

（3）当对重压在缓冲器上而曳引机按电梯上行方向旋转时，应不可能提升空载轿厢。

同时，在03标准中指出，曳引力在下列情况下的任何时候都能得到保证：①正常运行；②在底层装载；③紧急制停的加速度。另外，必须考虑到当轿厢在井道中不管由于何种原因而滞留时应允许钢丝绳在绳轮上滑移。在曳引力的计算中，分为以下几种工况计算：

（1）轿厢装载和紧急制动工况下，有

$$\frac{T_1}{T_2} \leqslant e^{f\alpha}$$

（2）轿厢滞留工况下（对重压在缓冲器上，曳引机向上方向旋转），有

$$\frac{T_1}{T_2} \geqslant e^{f\alpha}$$

式中：T_1，T_2——曳引绳两端的拉力；

f——当量摩擦系数；

α——钢丝绳在绳轮上的包角。

其中，当量摩擦系数 f 与曳引轮槽型结构相关，如图6-16所示。

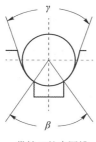 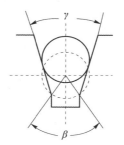

带缺口的半圆槽　　　　　　　　　V型槽

图6-16　曳引轮槽型结构

半圆槽和带缺口的半圆槽的当量摩擦系数为

$$f = \mu \frac{4 \left(\cos \dfrac{\gamma}{2} - \sin \dfrac{\beta}{2} \right)}{\pi - \beta - \gamma - \sin \beta + \sin \gamma}$$

式中：μ——摩擦系数；

$\quad\quad\beta$——下部缺口角度值；

$\quad\quad\gamma$——槽的角度值。

V 型槽的当量摩擦系数与工况有关。

（1）轿厢装载和紧急制动工况下：

①未经硬化处理的 V 型槽的当量摩擦系数为

$$f = \mu \frac{4 \left(1 - \sin \dfrac{\beta}{2} \right)}{\pi - \beta - \sin \beta}$$

②经硬化处理的 V 型槽的当量摩擦系数为

$$f = \mu \frac{4 \left(1 - \sin \dfrac{\beta}{2} \right)}{\pi - \beta - \sin \beta}$$

（2）轿厢滞留工况下，V 型槽的当量摩擦系数为

$$f = \mu \frac{1}{\sin \dfrac{\gamma}{2}}$$

$e^{f\alpha}$ 称为曳引系数，仅与 f 和 α 有关，而当量摩擦系数 f 与曳引轮的绳槽形状和曳引轮材料等有关，它是一个客观量。按 03 标准规定，一台电梯在设计计算曳引能力时，T_1 和 T_2 的计算需要从轿厢装载工况、紧急制动工况和轿厢滞留工况等 3 个方面进行计算。而且，轿厢滞留工况时是按轿厢空载或装有额定载荷并考虑轿厢在井道的不同位置时的最不利情况进行计算。因此，电梯的曳引能力在设计时就已确定，而按设计图纸安装后的电梯，其曳引能力也是一定的。按 03 标准规定，必须考虑不管由于何种原因轿厢滞留时应允许钢丝绳在绳轮上滑移。同时，03 标准指出，根据经验，由于有安全裕量，因此下面的因素无须详细考虑，结果仍是安全的。

由此可见，空载曳引力试验的本质是保证曳引能力不能过大，而曳引能力是与机械参数相关的客观量。该项目是钢丝绳曳引应满足的 3 个条件之一，这个曳引条件是十分重要的安全条件，是当电梯越层后不发生撞顶事故的最后保障。TSG T700X 系列检验规则以曳引绳与曳引轮相对滑动或曳引机停止旋转作为合格的判定条件，实际上是对某些曳引能力过大的电梯，通过设置变频器等电气保护限制其驱动能力从而使曳引机停止旋转来防止撞顶事故的发生。因此，新检规中空载曳引力试验的本质是保证或限制电梯的曳引能力不能过大。

（二）空载曳引力试验方法

短接减速开关、限位开关、极限开关、缓冲器柱塞复位开关，以检修速度将空载轿厢提升，当对重压在缓冲器上后，继续使曳引机按上行方向旋转时，会出现以下 3 种情况。

1. 曳引轮与曳引绳产生相对滑动现象

有时可能会出现变频保护而不能提升，但经过参数调整后可以让曳引轮上行旋转产生相

对滑动；或者在试验时断开电梯主电源，用松闸扳手松闸使对重压实缓冲器，然后通过盘车手轮，手动松闸和盘车，如果出现曳引轮与曳引绳产生相对滑动的现象，则说明此时空载曳引力试验满足本质安全要求。

2. 轿厢进一步提升使对重钢丝绳松弛，甚至出现对重滑轮挡绳装置安装不好时钢丝绳从滑轮脱出

此时，从本质上说，是其曳引能力过大而不满足要求。但是，可以用变频器等电气保护来限制电梯的驱动能力从而使曳引机停止旋转，这也是满足新检规的合格判定条件。但在实际操作过程中，并不是所有的情况都满足要求，根据检验流程，又可分下面两种情况进行分析。

（1）空载试验时轿厢被提升，调试人员通过调整变频器参数使其保护。同时，在保持空载曳引力试验变频器参数不变的前提下，进行110%的超载曳引力试验满足要求（曳引轮与曳引绳相对滑动），则可以判定其满足安全技术规范的要求。

（2）进行110%的超载曳引力试验不合格。为应付检验的要求，调试人员将曳引力矩参数设置较小，使得对重压实缓冲器时，变频器保护而导致输出力矩小于轿厢被提升的力矩，可以满足轿厢不被提升的要求。表面上看是满足安全技术规范的要求，事实上，设定的空载曳引力试验的变频器参数已经发生改变，超载曳引力试验不合格，说明空载曳引力试验不合格。因为电梯正常运行需要超载运行试验合格，当调整变频器参数至正常运行时，若出现空载轿厢滞留，由于变频器保护时的输出力矩大于空轿厢的提升力矩，将会出现空轿厢进一步被提升，可能发生轿厢撞顶的事故。

对于这两种试验流程，如果通过变频器保护来判定空载曳引力试验合格时，调试单位应该出具关于电梯曳引能力过大，通过变频器保护进行限制的具体说明，该说明作为见证材料与电梯检验记录一并保存，并同时在该台电梯控制柜变频器的明显位置张贴该说明，以便其他调试或检修人员在更改变频器参数时能注意到。

3. 试验中直接保护

可以通过调整变频器参数提高输出力矩或利用手动松闸盘车并结合前两点进行判断。

二、静态曳引试验

静载试验即对于轿厢面积超过规定的载货电梯，以轿厢实际面积所对应的1.25倍额定载重量进行静态曳引试验；对于额定载重量按照单位轿厢有效面积不小于200 kg/m² 计算的汽车电梯，以1.5倍额定载重量做静态曳引试验；历时10 min，曳引绳应当没有打滑现象。

静载试验是检验曳引钢丝绳头是否牢固，制动器是否可靠，曳引力是否符合要求的一类试验。轿厢面积超标不能限制载荷超过额定值时，需要做静载试验。

具体试验方法及步骤如下：

（1）将电梯开到最低层，在电梯机房断掉电梯总电源。

（2）在电梯轿厢中加入载荷，客梯、载重量在2 t以下的货梯加入额定载重量的200%；载重量在2 t以上的货梯加入额定载重量的150%。

（3）历时10 min，整个电梯应该制动可靠、轿厢不变形；曳引钢丝绳在曳引轮上不打滑；曳引钢丝绳头接合牢靠；除曳引绳伸长外，电梯其他部位不应使电梯下滑。

第五节　制动试验规范

一、电梯上行制动试验

1. 电梯上行制动试验目的

上行制动试验是电梯检验中的一项重要试验，其主要目的是检验电梯的曳引能力，同时也是对制动器的间接检验。制动器是电梯的关键部件，电梯的曳引能力更是关乎电梯安全的重中之重，很多溜梯事故都离不开这两个关键因素。上行制动试验的合格判定条件是：轿厢空载以正常运行速度上行时，切断电动机与制动器供电，轿厢应当完全停止，并且无明显变形和损坏。

2. 检验规范与国标对上行制动试验的要求

《电梯监督检验和定期检验规则——曳引与强制驱动电梯》（TSG T7001—2009）中规定，轿厢空载以正常运行速度上行时，切断电动机与制动器供电，轿厢应当完全停止，并且无明显变形和损坏。该规定是对电梯上行紧急制动工况下曳引能力的检验，而非制动能力试验。"轿厢应当完全停止"可理解为在紧急制动期间保证曳引能力，不发生钢丝绳的严重滑移而导致轿厢失控。

出现以上情况的可能原因有以下两种。

（1）当加速度大于重力加速度的情况下可能导致轿厢变形或损坏。这可能会使乘客因不能承受而导致人身伤害，设备也可能因为过大的加速度而导致损坏。

（2）轿厢完全停止是指在制动器或制动器与曳引轮摩擦力的共同作用下将轿厢制停。因此，此项试验应不能发生冲顶风险。如果发生冲顶，可以理解为缓冲器将轿厢制停，不符合检规对此项的要求。

因此，根据检规要求，上行制动试验判别依据应为：轿厢在行程上段断电情况下，以小于重力加速度的加速度制停，不能冲顶，轿厢无变形、损坏即可判定为合格。

3. 上行制动试验方法

使电梯空载，正常向上呼梯运行，当电梯运行到行程中上段时，切断供电，电梯应可靠制停。

二、下行制动试验

1. 总要求

轿厢装载 1.25 倍额定载重量，以正常运行速度下行至行程下段，切断电动机与制动器供电，曳引机应当停止运转，轿厢应当完全停止，并且无明显变形和损坏。

2. 额定载荷的 125% 曳引试验步骤

（1）短接重量限制器。

（2）轿厢运行至底层，并装入 125% 额定载荷。

（3）装载结束后，关闭厅门和轿门，在机房将检修开关拨到"检修"状态，静载观察10 min，观察曳引钢丝绳在曳引轮上是否打滑，观察曳引轮是否有相对转动。

（4）电梯在行程下段，运行电梯分别停3次以上，轿厢应被可靠地制停（不考核平层精度）。使电梯运行到底层，用粉笔在机房曳引轮和钢丝绳上划线做记号。再将电梯运行到顶层，在载荷125%额定载荷下以正常速度下行，当电梯下行到提升高度的下段时，切断电动机和制动器供电。与此同时，用粉笔开始在钢丝绳上画线，当轿厢完全被可靠制动以后，用卷尺测量所划线钢丝绳的长度。不同的运行速度，制停距离要求也不同。最后，使电梯运行到底层，测量曳引钢丝绳与曳引轮之间的滑动距离，记录这两个数据，根据GB7588计算制停距离是否符合标准，从理论上判定试验是否合格。

第六节　轿厢意外移动试验规范

一、轿厢意外移动标准概述

1. 定义

《电梯制造与安装安全规范》（GB 7588—2003）（以下简称《规范》）中规定：轿厢意外移动（unintended car movement）系指：在开锁区域内且开门状态下，轿厢无指令离开层站的移动，不包含装卸载引起的移动。

此外，《规范》还规定，在层门未被锁住且轿门未关闭的情况下，由于轿厢安全运行所依赖的驱动主机或驱动控制系统的任何单一元件失效引起轿厢离开层站的意外移动，电梯应具有防止该移动或使移动停止的装置。悬挂绳、链条和曳引轮、滚筒、链轮的失效除外，曳引轮的失效包含曳引能力的突然丧失。不具有符合14、2、1、2的开门情况下的平层、再平层和预备操作的电梯，并且其制停部件是符合9、11、3和9、11、4的驱动主机制动器，不需要检测轿厢的意外移动。

2. 轿厢意外移动保护系统

轿厢意外移动保护系统主要包括检测子系统、自监测子系统、制动子系统。轿厢意外移动保护装置系统由检测子系统和制停子系统（异步电梯），或者由自监测子系统和制停子系统（同步电梯），或者由检测子系统和自监测子系统和制停子系统（同步电梯）构成。异步电梯的制停部件不符合规定的驱动主机制动器，所以异步电梯都需要检测子系统；此外，《规范》规定在使用驱动主机制动器作为执行元件的情况下，自监测包括对机械装置正确提起（或释放）的验证和（或）对制动力的验证，所以同步电梯都需要自监测子系统。

二、轿厢意外移动保护装置组成

1. 检测子系统

（1）根据相关标准要求，在电梯门没有关闭的前提下，最迟在轿厢离开开锁区域时，应由符合相关标准要求的电气安全装置检测到轿厢的意外移动。所以，检测子系统应当是一个电气安全装置或由几个电气安全装置组成，一般而言，该系统的功能是检出轿厢意外移动的状态，并对触发和制停子系统发出制停指令。

（2）由传感器、控制电路或控制器、输出回路构成，并由电气安全装置（安全触点、含有电子元件的安全电路）实现，在发生意外移动时切断安全回路。

（3）日立电梯：由光电传感器（安装于轿顶）加含电子元件的安全电路（安装于控制柜内电路板）组成。

通力电梯：由传感器加含电子元件的安全电路组成。

三菱电梯：由再平层感应器（传感器）加含电子元件的安全电路或基于可编程电子安全系统组成。

目前出现的检测装置主要有以下几类：

①通过安装在轿厢上的位置信号检测器件检测轿厢是否位于平层区域内的位置信号检测器，如图6-17所示。

（a）　　　　　　（b）　　　　　　（c）

图6-17　位置信号检测器

（a）磁感应式接近开关；（b）光电式平层开关；（c）多路光电开关

②通过限速器开关检测轿厢在提前开门或开门再平层时的相对位置或运行速度的限速器，如图6-18所示。

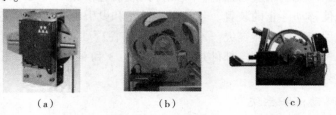

（a）　　　　　　（b）　　　　　　（c）

图6-18　限速器

（a）电子限速器；（b）谐振式限速器；（c）可检测意外移动的离心式限速器

③通过轿厢在提前开门或开门再平层时的相对位置和运行速度的绝对型编码器或者井道位置传感器检测，如图6-19所示。

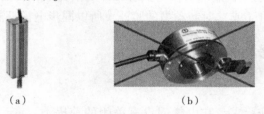

（a）　　　　　　（b）

图6-19　井道位置传感器及绝对型编码器

（a）井道位置传感器；（b）绝对型编码器

2. 自监测子系统

当使用驱动主机制动器作为制动元件时（同步电梯）：

（1）监测驱动主机制动器制动或释放的检测装置。

（2）监测制动力（制动力矩）的系统或装置。

对于采用对机械装置正确提起（或释放）验证和对制动力验证的方式，制动力自监测的周期不应大于 15 d；对于仅采用对机械装置正确提起（或释放）验证的方式，则在定期维护保养时应检测制动力（常用）；对于仅采用对制动力验证的，则制动力自监测周期不应大于 24 h。

监测驱动主机制动器制动或释放的装置由绝对型编码器或者微动开关（安装在驱动主机或制动器上）加控制装置或控制主板（安装于控制柜内）组成。主机制动器开关如图 6 - 20 所示。

图 6 - 20　主机制动器开关

3. 制停子系统（执行元件）

（1）作用于轿厢和对重的制停部件（安全钳）：异步电梯。

（2）作用于悬挂绳或者补偿绳的钢丝绳制动器（夹绳器、夹轨器）：异步电梯。

（3）作用于曳引轮或者曳引轮轴的驱动主机制动器（指的是同步曳引机制动器，由于异步电梯的抱闸不是直接作用在曳引轮上，所以异步电梯的抱闸不能作为 UCMP 的制停部件）。

（4）制停子系统组合方式。目前典型的组合方式如图 6 - 21 所示。

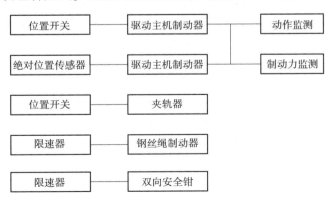

图 6 - 21　制停子系统典型的组合方式

4. 检验方法

安装后对于 UCMP 现场检验的建议：

（1）通过开关或其他模拟方法测试检测子系统的功能；

（2）使用试验速度测试制停子系统的功能及制动力（制动距离）；

（3）通过开关或其他模拟方法测试自监测子系统的功能；

（4）2 号修改单明确由施工单位或者维护保养单位进行试验，检验人员现场观察确认。

三、几种常见品牌电梯的 UCMP 的检验方法

1. 检验方法

（1）首先查阅轿厢意外移动保护装置的型式试验证书、铭牌及电气控制原理图。目前在过渡期内暂未取得型式试验证书的，要求电梯制造单位提供该装置的制造单位已申请型式试验的见证材料及承诺函，过渡期内暂时可不要求制造单位提供电梯轿厢意外移动保护装置的铭牌。

（2）当电梯制造单位提供了相应试验方法时，按其试验方法由施工单位操作，检验人员进行现场监督并验证确认。在查阅轿厢意外移动保护装置的型式试验证书时，注意核对该证书与实物是否一致，如果发现产品主要参数超出证书中所规定的参数适用范围或产品配置发生变化的，应当要求重新进行型式试验。

（3）当电梯制造单位未能提供相应试验方法时，若该装置的机械执行元件是制动器，则可按下列方法进行模拟验证。

①将电梯轿厢置于下端站的上一层站平层位置，电梯保持正常运行状态，层门和轿门均开启。

②在该层门派一人监护，确保电梯层门和轿门处于开启状态。

③在机房内（无机房的在操作屏上），由施工单位的人员人为持续（不是点动）操作手动松闸装置打开制动器，这时轿厢将往上溜，当溜到一段距离时（一般在 20 cm 以内，如果超过该距离要马上放开松闸装置以确保安全），控制系统将切断制动器的供电，此时可以通过观察控制柜的声光信号或继电器的动作情况来判断，也可以通过调阅故障码的方式来查看，通常会有 UCMP 动作制停的故障代码提示。如果不满足上述试验要求，则要求施工单位提供相应有效的验证方法，否则暂时判定为不合格。

（4）UCMP 或子系统上应设置铭牌，铭牌上应标明图 6 - 22 所示的内容。2018 年 1 月 1 日后出厂的电梯检验时要查验铭牌的设置。

● 产品型号、名称   ● 允许系统质量范围

● 制造单位名称及其   ● 允许额定载重量范围

  制造地址   ● 所预期的轿厢减速前

● 型式试验机构的名   最高速度范围

  称或标志   ● 出厂编号

          ● 出厂日期

图 6 - 22 UCMP 或子系统铭牌内容

2. 几种常见品牌电梯的 UCMP 的检验方法

（1）三菱电梯的 UCMP 的检验方法

①上海三菱电梯的制停子系统有以下两种实现方式：

主机制动器：同步曳引电梯（PM 曳引机系统：LIHY/MAX 系列）。

夹绳器：异步曳引电梯（蜗轮蜗杆副曳引机系统：GPS/HOPE 系列）。

②精度要求：轿厢的平层准确度应为 ±10 mm，平层保持精度应为 ±20 mm，如果装卸载时超出 ±20 mm，应校正到 ±10 mm 以内。为此，上海三菱全系列电梯都标配了再平层功能，在轿顶增加了再平层感应器。

③检验方法：首先，安装可强制切断再平层传感器信号的测试工装（或类似其他可切断再平层传感器信号的方法）。在电梯停止、自动开门并且门处于打开状态下，通过工装上的"RLU（RLD）"开关或者控制柜回路线束上的"RLU（RLD）"插接件断开"RLU（RLD）"信号。此时，电梯将自动向上（向下）进行再平层运行，运行约 10 mm 后，UC-MP 保护被触发动作，电梯急停，模拟意外移动出再平层区后 UCMP 保护动作，P1 板上会出现 UCMP 动作的故障代码"90b"。

④同步电梯的制动器机械装置提起或释放（松闸或抱闸）的验证可在监测到制动器的提起（或释放）失效，或者制动力不足时，防止电梯的正常启动。

制动器监测电路示意图如图 6-23 所示，制动器反馈触点微动开关独立地监视着每个制动器的松闸和抱闸，触点开关采用常闭触点。当制动器松闸时，常闭触点断开，制动器监测电路断开。

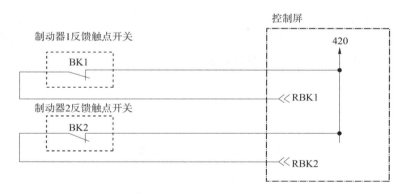

图 6-23　制动器监测电路示意图

验证方法及步骤如下。

监测制动器不能松闸故障：（a）电梯停止运行，确认门完全关闭；（b）切断电梯电源，短接制动器 1 常闭触点开关 BK1；（c）上电，正常操作使电梯启动；（d）电梯刚启动就检测到制动器 1 不能松闸故障，电梯急停；（e）连续 4 次检测到制动器 1 不能松闸故障，电梯不能再启动；（f）切断电梯电源，去除短接和清除锁存故障，然后上电，使电梯恢复正常；（g）同理，测试制动器 2。

监测制动器不能抱闸故障：（a）电梯停止运行，确认门完全关闭；（b）切断电梯电源，断开制动器 1 常闭触点开关 BK1；（c）上电，检测到制动器 1 不能抱闸故障，电梯应不能再启动；（d）确认此时通过正常操作无法使电梯启动运行；（e）切断电梯电源，恢复制动器常闭触点和清除锁存故障，然后上电，使电梯恢复正常；（f）同理，测试制动器2。

⑤制动力的确认：一般在定期维护保养时由维护保养单位检测制动力。

（2）通力电梯的 UCMP 的检验方法

①在电梯次顶层入口处设置围栏，放置警示标识，并派专人看守。

②禁止外呼功能开关打开（确认对应的灯亮，禁止外呼）。

③通过在控制柜输入界面使电梯正常运行（不是检修运行）到次顶层。

④等待轿厢停止、门开，当门（轿门、层门）完全打开时，在机房手动松闸，使轿厢离开门区，门区信号灯和平层信号灯灭时，立刻停止松闸。确认检测到轿厢意外移动，直到出现故障代码"0005"。

⑤切断电源，等待电梯控制系统关闭。

⑥再打开电源，确认轿厢意外移动依然被监测到（故障代码"0005"不会消除）。

⑦电梯转换成检修（紧急电动运行）模式，然后再转换成正常运行模式，故障代码"0005"消除，电梯就近平层。

⑧禁止外呼功能开关复位，恢复正常。

四、确定试验是分子系统进行还是整个系统进行

1. 分子系统进行型式试验

优点：不同的 UCMP 子系统可以自行进行子系统的型式试验。

缺点：在不同的子系统进行组合时，可能会出现相互之间参数无法匹配的情况，以及子系统单独的型式试验报告中的结论或参数无法满足整个系统要求的情况。

2. 整个 UCMP 系统进行型式试验

优点：可以一次完成整个系统的型式试验，有利于系统定型。

缺点：对于系统中所包含的子系统发生变化的情况，无法灵活应对。

3. UCMP 型式试验证书的有效期为 4 年，即每 4 年需要核查一次

4. 轿厢意外移动保护装置在试验速度下触发制停部件的方法

使轿厢以试验速度在井道上段空载上行，当电梯离开门区时手动触发停止开关或自动使制动器失电，制动器动作。在轿厢空载上行时测试试验速度下的轿厢制停距离应与 UCMP 型式试验证书上对应试验速度下的允许移动距离一致。

参 考 文 献

［1］陈家盛．电梯结构原理与安装维修［M］．北京：机械工业出版社，2011．

［2］顾德仁，陆晓春，王锐．电梯维修与维护保养［M］．南京：江苏凤凰教育出版社．2018．

［3］魏山虎．电梯故障诊断与维修［M］．苏州：苏州大学出版社．2013．